種名	図鑑	
キクイタダキ	−	71・97
キジ	15	13・67・91・105・109
キジバト	27	52・53
キセキレイ	−	53
キバシリ	−	71
キビタキ	19	16・17・21・28・69・71・94・97・104・117
キョウジョシギ	35	32・33・118
キリアイ	−	74・75
キンクロハジロ	55	64・80・89・105・117
クマタカ	−	17・36・48・113・114・115
クロガモ	−	85
クロツグミ	23	20・21・69
ケリ	−	88・91
コアジサシ	35	3・32・116・119・122
ゴイサギ	−	122・124
コウノトリ	−	90
コガモ	55	52・53・81・87・88・92・93・104・106・109・125
コガラ	51	28・48・49・71
コゲラ	47	25・45・49・52・100
コサギ	43	41・52・88
コサメビタキ	−	36・103
コシアカツバメ	−	76・77・80
コシジロウズラシギ	−	32
ゴジュウカラ	51	48・71
コジュケイ	−	111
コジュリン	−	118
コチドリ	−	100・101・116・117・125
コチョウゲンボウ	−	62・63・107
コハクチョウ	−	108
コマドリ	19	6・17・28・69・71・97
コミミズク	−	62
コムクドリ	43	41・126・127
コルリ	−	17・28・71・75・94・97
ササゴイ	−	77
サシバ	−	7・25・36・37・67・68・69・78・79・102・103・119・126・127
サンコウチョウ	23	20
サンショウクイ	−	69
シジュウカラ	−	12・44・45・48・49・52・68・100・107
シジュウカラガン	−	86
シノリガモ	58	56・84・85
シメ	47	12・44・45・52・53・68・69・105
ジュウイチ	31	71
ショウドウツバメ	−	36
ジョウビタキ	47	44・45・48・52・53・104・106・111・113
シロアジサシ？	−	75
シロカモメ	59	56・85
シロチドリ	34	32・82・83・89・117
シロハラ	−	44・88
シロハラクイナ	−	122・123
スズガモ	−	80・82・83・116
スズメ	27	25・52・53・100・122・123・124
セイタカシギ	−	33・93
セグロカモメ	59	56・82・89
セグロセキレイ	−	108・109
セッカ	−	117・119・123・125
センダイムシクイ	31	28・69・71・102・117
ソウシチョウ	−	44・66
ソリハシシギ	35	32・33
ダイサギ	−	52・53・82・105
ダイシャクシギ	−	82・83
ダイゼン	−	82・116
タカブシギ	−	124
タゲリ	−	88・89・90・91・104・105
タシギ	−	91・93
タヒバリ	−	53・82
タマシギ	−	122
チゴハヤブサ	39	37・79・102・103・126・127
チュウサギ	−	123
チュウシャクシギ	−	92・93・116・117・118・119
チュウヒ	−	63・93・107
チョウゲンボウ	15	12・25・33・53・63・64・85・89・91・101・105・107・117
ツグミ	−	2・12・45・52・69・84・90・106・113・117
ツツドリ	31	28・29・36・69・71・77・105

種名	図鑑	
ツバメ	23	6・12
ツバメチドリ	34	32
ツミ	−	24・2
ツルシギ	−	93・115
トウネン	35	32・33・116・125
トビ	43	40・52・63・71・84・102・112・115・127
トモエガモ	−	109
トラツグミ	−	66
トラフズク	−	64
ニュウナイスズメ	−	94
ノスリ	39	25・37・53・63・67・79・81・89・91・94・98・99・102・103・104・112・126
ノビタキ	31	6・28・36・94・95・98・99・103・105・127
ハイイロチュウヒ	−	63・89・90・93
ハイタカ	39	37・63・97・111・112
ハギマシコ	−	84
ハクセキレイ	27	25・40・53・64・82・117・122・126・127
ハシビロガモ	55	88・93・117
ハシブトガラス	27	13・25・45・52・67・81・88・100・101・109・113
ハシボソガラス	27	25
ハチクマ	39	25・37・78・79・102・103・126
ハジロカイツブリ	−	81・82・85
ハジロクロハラアジサシ	−	32
ハマシギ	−	32・82・83・89・93・116・117・118
ハヤブサ	−	36・37・40・41・84・85・126・127
ハリオアマツバメ	−	36・69
ヒガラ	51	28・49・68・71・95・97・98・113
ヒシクイ	−	107
ヒドリガモ	55	80・82・85・104・105
ヒバリ	−	65・90・91
ヒメアマツバメ	−	53・77
ヒメウ	59	40・57
ヒヨドリ	43	25・36・40・41・45・52・53・68・79・97・100・101・126・127
ヒレンジャク	−	115
ビンズイ	−	29・75・84・96・97・98
フクロウ	−	73
ブッポウソウ	−	120・121
ベニマシコ	−	49・52・95・113
ホウロクシギ	−	117
ホオアカ	−	95・98
ホオジロ	15	13・17・29・52・53・57・63・94・106・118
ホオジロガモ	−	109
ホシガラス	−	96
ホシハジロ	55	80・105・109
ホトトギス	23	20・28・71・95・97
マガモ	55	53・80・87・88・95・105・108・109
マガン	−	86
マヒワ	51	48・69
マミジロ	−	71・75
ミコアイサ	−	53・87
ミサゴ	43	41・62・77・79・81・82・83・89・92・102・106・126
ミソサザイ	19	16・70・71・109
ミミカイツブリ	58	56
ミヤコドリ	−	82・83
ミヤマガラス	−	63
ミユビシギ	−	82・84
ムクドリ	47	45・52・53・72・94・100・101・123・124・125
ムナグロ	−	93・117・118
メジロ	22	17・21・40・44・52・53・67・84・111
メダイチドリ	34	32・116・117
メボソムシクイ	31	28・74・75・96・97
モズ	47	13・44・45・90・95・98・105・111・125
ヤブサメ	−	71
ヤマガラ	15	11・13・21・48・49・68・113
ヤマシギ	−	67・111
ヤマセミ	−	5・109・114
ヤマドリ	−	94
ユリカモメ	59	32・56・81・83・117
ヨタカ	19	17・105
ヨシゴイ	−	122・124・125
ルリビタキ	−	96・97・111・112
レンカク	−	125
ワカケホンセイインコ	−	72

野鳥フィールドノート

スケッチで楽しむ
バードウォッチング

水谷 高英●著

いつ，どこで，どんな野鳥と出会ったのか？
こつこつと書き留めたフィールドノートは，それだけでも価値のある観察記録です。
でも，もうひと工夫──フィールドノートに簡単なスケッチを描き入れてみませんか。
別に上手に描く必要はありません。
行った先々の景観や出会った鳥，植物や虫など心に残ったワンシーンがあるだけで，
後からページを開いたときの楽しさや，よみがえる記憶の鮮明さは格別なものです。
その記録が1年，2年……と積み重なれば，四季の移ろいを肌で感じることのできる，
世界に1冊しかないバードウォッチング・カレンダーができるはずです。

野鳥フィールドノート

スケッチで楽しむ
バードウォッチング

目次

ツグミ

4 野鳥との出会い
6 四季の鳥
8 フィールドノートをつけよう！
10 楽しいバードウォッチングをサポートしてくれる道具たち

Field Note ── 2004年1月～2006年3月

- 62 2004年 1月 渡良瀬遊水地 (埼玉県)
- 64 2004年 2月 東京都立川市 都会に住む猛禽たち
- 66 2004年 3月 里山に春が来た！武蔵野丘陵 (東京都)
- 68 2004年 4月 里山を渡る夏鳥たち 武蔵野丘陵 (東京都)
- 70 2004年 5月 夏鳥たちの繁殖地 ブナの森を訪ねる (東京都檜原村三頭山都民の森)
- 72 2004年 6月 鎮守の杜のアオバズク (東京の郊外・三多摩地区)
- 74 2004年 7月 猛暑の東京を逃れ，福島の山と海へ (裏磐梯浄土平→いわき市新舞子浜)
- 76 2004年 8月 ツバメのねぐらを探して多摩川を上る
- 78 2004年 9月 首都圏上空をタカが渡る
- 80 2004年10月 冬鳥の先陣を切ってカモが渡って来た！狭山湖 (埼玉県所沢市)
- 82 2004年11月 東京湾，三番瀬 (船橋海浜公園)
- 84 2004年12月 みちのくの旅1～海ガモに会いに福島の海へ
- 86 2004年12月 みちのくの旅2～マガンの越冬地を訪ねる (宮城県伊豆沼)
- 88 2005年 2月 故郷，木曽三川下流域 (岐阜県)
- 90 2005年 3月 タゲリを追って (千葉県)
- 92 2005年 4月 内陸シギを見に茨城県霞ヶ浦へ
- 94 2005年 5月 早朝の奥日光，戦場ヶ原 (栃木県)
- 96 2005年 6月 亜高山帯の鳥を見に富士山へ (山梨県)

バードウォッチング・カレンダー

- 12　3月 里山の春
- 16　4月 亜高山帯で夏鳥のさえずりを楽しむ
- 20　5月 里山の夏鳥
- 24　6月 住宅地の雑木林で子育てをする小さな鷹, ツミ
- 28　7月 高原の鳥
- 32　8月 シギ・チドリ　秋の渡り
- 36　9月 秋はやっぱりタカの渡り
- 40　10月 ヒヨドリの渡りを見に
- 44　11月 公園で冬鳥を観る
- 48　12月 亜高山帯の冬鳥
- 52　1月 多摩川中流域（東京都）でカモを探す
- 56　2月 カモメを観に銚子港（千葉県）へ

イラスト野鳥図鑑

- 15　春の里山で見られる鳥
- 19　亜高山帯で見られる夏鳥
- 23　里山で見られる鳥
- 27　住宅地で見られる鳥
- 31　夏の高原で見られる鳥
- 34　夏の河口で見られる鳥
- 39　渡りの時期に見られる鳥1
- 43　渡りの時期に見られる鳥2
- 47　冬の公園で見られる鳥
- 51　冬の高原・亜高山で見られる鳥
- 55　冬の河原で見られるカモ
- 58　冬の海で見られる鳥

コアジサシ

- 98　2005年 7月 梅雨明けの霧ヶ峰高原（長野県）
- 100　2005年 8月 コチドリの子育て（東京都武蔵村山市）
- 102　2005年 9月 秋の里山を渡る夏鳥たち（東京都多摩丘陵）
- 104　2005年10月 冬鳥を見に荒川へ（埼玉県）
- 106　2005年11月 オオヒシクイを見に茨城県霞ヶ浦へ
- 108　2005年12月 荒川上流域で冬の河原を楽しむ（埼玉県）
- 110　2006年 1月 近くの里山でオオコノハズク, ヤマシギを観る（東京都多摩地区）
- 112　2006年 2月 クマタカのディスプレイ・フライトが見たくて奥多摩の山へ（東京都）
- 114　2006年 3月 思いが叶った出会い2つ。レンジャク, クマタカ
- 116　2006年 4月 シギ・チドリ春の渡り 多摩川河口（東京都）
- 118　2006年 5月 タマシギに会いたくて霞ヶ浦南側の水田地帯へ（茨城県）
- 120　2006年 6月 ブッポウソウの住む神社（東京都）
- 122　2006年 7月 関東で初の繁殖をしたシロハラクイナを観に（埼玉県さいたま市）
- 124　2006年 8月 レンカクを観に霞ヶ浦, 西の州干拓地へ（茨城県）
- 126　2006年 9月 タカの渡りを見に伊良子岬へ（愛知県渥美半島）

Field Noteのフィールドノート

14, 18, 22, 26, 30, 34, 38, 42, 46, 50, 54, 58, 128～143

野鳥との出会い

　ベテランバーダーに話を伺うと、やはりそれぞれに野鳥とのすてきな出会いを重ねられている。私も仕事上、過去の出会いを尋ねられることが多い。
　私がバードウォッチングを始めたのは30年ほど前。それ以前、小学生のころに、夢中で野鳥を追った時期があった。同級生にメジロ捕りの名人が2、3人いて、どうしてもその技が知りたくて、彼らの張ったカスミ網を探して雪の中を彷徨ったものだ。そして、彼らの鳥の行動に対する知識に感嘆し、あこがれた。
　少年時代の思い出に出てくる野鳥は、遠く、シルエットの記憶しかない。私が住んでいたような当時の地方では、まだ狩猟の文化が鳥と人の距離を遠ざけていたのだ。それでも夏休みを思い出すとき、セミの声とともに川や沼で聞いたオオヨシキリ、カイツブリ、ケリの声が、今でも鮮明によみがえる。

　それから10年後、しばらく遠ざかっていた野鳥に再び目が向くことになる。それは東京に暮らすようになってすぐ、住宅街で少年期に夢中で追ったメジロやキジバトを、いとも簡単に見ることができたのだ。さらに驚いたのは、人々のそのことへの無関心さだ。後に、その無関心が鳥と人の距離を近づけたことに気づくのだが……。

　それ以来、野鳥に対するアンテナが再び作動を開始。双眼鏡を手に入れてからは、スズメと思っていた鳥がカワラヒワやアオジ、カシラダカだと気づく。識別を意識して見るようになると、鳥たちが種によってそれぞれ違った行動パターンをもつこともわかってきた。それが捕る餌の違いによることを理解できるようになったときには、すっかりバーダーになっていた！
　少年期にあこがれたメジロ捕り名人に、一歩近づいたような気がして、ちょっとうれしかったのを覚えている。

東京の自宅近くの植木畑では、3つがいのキジが暮らす。
柵に囲まれているため警戒心が薄く、人々も気づいていない

ヤマセミ

　バーダーになって数年後，当時，アウトドア雑誌にイラストを描いていたこともあり，フィールドに出る機会が増え始めた。

　そんなある日，2歳になる娘の友だち家族と東京都多摩川水源域の小さな沢でキャンプをしていると，沢の上流から「キッキッキッキッ」とけたたましい声が響き，みんなの前を大型の鳥が勢いよく下流へと飛び去った……。「ヤマセミ？」「エッ，ヤマセミ！」「そうだよヤマセミだよ！」「見ちゃったよ！」「見ちゃったね！」「ミーチャッタ，ミーチャッタ」と子どもたちもはやしたてている。あっけない出会いに唖然としていると，再び下流のほうからけたたましい声とともに現れ，あっという間に上流へと消えていった。

　後に図鑑で調べると，ヤマセミは一つの沢をなわばりとして移動していることを知る。以来，ヤマセミを見かけたときは，しばらくその場で再び現れるのを待つことにしている。

　このように感動と洞察を積み重ねることが，次のステキな出会いへとつながると信じて，今もフィールドへ出かけている。

3月はバードウォッチングに最適な季節。住宅地や里山の雑木林からカラ類のさえずりが聞こえてくる。芽吹き前の雑木林では旅立ちを控えたツグミなどの冬鳥の姿もあるが，やはり春。里山にはキジのするどい声や羽打ちが響き，上空ではオオタカがアクロバティックな求愛飛行をくり返す。里田には夏鳥※の先陣を切ってツバメがやってくる。桜が咲きはじめるころから夏鳥たちの渡りが始まり，里山が新緑で覆われるころ，終焉を迎える。この時期，運がよければ北海道へ渡る夏鳥に会えるかも（夏鳥の渡りは餌となる昆虫の発生や活動にリンクしている）。
※夏鳥：南国で冬を過ごし，春から夏にかけて繁殖のために日本に渡ってくる鳥

ツバメ♂

　4月には，干潟に渡り途中のシギやチドリが羽を休めにやってくる。1か所で多くの種類を見ることができるこの時期は，識別が楽しめる。シギやチドリは愛らしい表情とせわしない動きが，バーダーを飽きさせない。

　5月，ゴールデンウィークのころ，夏鳥の繁殖地，亜高山帯の沢では，渡ってきたばかりの夏鳥（キビタキやコルリ，オオルリ，コマドリなど）が，なわばりを主張して目立つ場所でさえずっている。巣ごもり前のほんの一時，彼らは危険を覚悟で身をさらす。バーダーもそのことを理解して，警戒の鳴き声を聞いたときは，ストレスを与えないように速やかにその場を離れたい。
※繁殖期にストレスを与えてしまうと，巣を放棄したり，翌年には姿を見せなくなるという例をいくつも知っている。

コマドリ♂

四季

　6月，近くの雑木林からヒヨドリ，ムクドリ，オナガの騒がしい声が響く。雛鳥の巣立ちを控え，親鳥が忙しく林内を飛び回って外敵への威嚇をしているのだろう。カラスのように直接攻撃を加えてくる鳥もいるので，この時期の鳥見は要注意。以前，ツミ（タカの仲間）が雑木林で繁殖したときには，犬の散歩を兼ねて4か月間，定点観察を楽しんだ。

　7月，梅雨明けを待ってさわやかな高原へ出かける。暑い都会を忘れ，カッコウの声とさわやかな風の中に身を置くと，体が喜ぶバードウォッチングを体感できる。高原では開けた場所を好む鳥が多く，見つけやすい場所に出てきてくれることも多いので，あまり動かずに見晴らしのよい場所に腰を下ろし，そっと待ってみよう。風に乗ってカッコウ，ホトトギス，ツツドリ，ムシクイの仲間の声が聞こえてくるはず。目立つ場所の花や低木には，ノビタキ，ホオアカ，アオジがソングポストとしてやってきてくれる。

　8月に入ると，もうシギ・チドリの秋の渡りが始まる（旅鳥※）。干潟や河口周辺の探鳥地は，海風で涼しいと思いがちだが，晴れた日は陽差しが強く身を隠す場所もないため，熱中症には気をつけたい。冬羽に換わったシギ・チドリは一段と識別が難しくなっている。初めて渡りに臨む幼鳥の無事な旅路を祈ってエールを送ろう。
※旅鳥：シベリアなど北の国で繁殖し，東南アジアやオーストラリアで越冬する鳥で，渡り途中の春と秋に日本を訪れる鳥

ノビタキ♂

9月，夏鳥たちの越冬地への旅立ちが始まる。中旬になると，気の早いサシバ（タカの仲間）がポツポツと渡りはじめる。毎年このころから1か月間，サシバの渡りを観察するために近くの里山の見晴台へと通う。ただひたすら同じ場所で彼らがやってくるのを待つのだが，風向きや気圧配置によっておおよその予測はたつ。そして，その予測通り頭上を大きな群れが流れたとき，人の生活リズムとは無縁のところで営々とくり返される生命の営みのダイナミズムに感動させられる。関東，東北地方を飛び立ったサシバが通過する愛知県伊良湖岬。ロケーションもよく，一度は訪ねてほしい場所だ。居ながらにして10～11種のタカを見ることができる。他にも，小鳥たちが洋上へ旅立つ姿を見送ることができる，まれな場所だ。

サシバ♂

10月に入っても，20～30羽のヒヨドリが住宅街上空を低く渡っていく。本州各地の岬では，集まったヒヨドリが海上を南へと移動していく。

11月，祭りのあとのようなさみしさを感じるこのころは，夏鳥と冬鳥※の入れ替わる狭間期で，鳥も少ない。そんなときこそ，身近な留鳥※たちの生活をじっくりのぞいてみよう。近くの公園で紅葉を楽しみつつ，イチョウの木漏れ日の下で鳥をめでるのも一興だ。近年，1年中さえずる外来種※のガビチョウやソウシチョウが公園などに増えはじめ，春のさえずりのような声が秋空に響く。五感にノイズが生じ，壊れそうになる。

※ 冬鳥：シベリアなど北の国で繁殖し，冬を越すために日本へ渡ってくる鳥
※ 留鳥：1年を通して国内の同じ地域に生息し，季節移動しない鳥
※ 外来種：人が持ち込んだり，飼い鳥が逃げ出して自然繁殖した鳥

の鳥

12月，雪が降る前に亜高山の冬鳥を見に行く。夏の青い鳥に対して，冬は赤い鳥。オオマシコ，ベニマシコ，アカウソと人気の鳥たちが渡ってくる。生息エリアが里から亜高山にかけてと広いため，ここに行けば見られるというわけにはいかない。山の餌が少なければ里に下りてくるが，山に餌となる実が豊富だと，里には降りずに山奥へ入ってしまう。そうした自然の状況を見極めながらの探鳥となるが，思わぬ場所で出会ったときの喜びは格別だ。

1月は冬の鳥の代表，カモ。身近な公園の池や川でも見ることができ，見つけるのもたやすいので，穏やかな日にのんびり楽しむにはよい。よく観察していると，頸をもたげたり伸ばしたりといった不思議な動きの求愛行動を見ることもできる。近年の暖冬気候で，太平洋側からカモが減少しているのが気にかかる。

オオマシコ♂

2月，バーダーにとってはちょっとつらい鳥見もある。それはカモメ類。姿・形が似ているため識別が難しいうえに，年齢によって羽色が細かく変化する。フィールドも冬の海とあって，かなりの忍耐力を必要とする。磯では砕ける波の中に海ガモやハジロカイツブリ，カンムリカイツブリ，アビなどの潜る姿が透けて見えることがある。その美しさは心に残り，ぜひ出会ってほしい1シーンだ。

フィールドノートをつけよう！

●自分のための資料なので，自分のスタイルで。 ●後で見るための資料なので，それを意識して見やすく構成する。 ●とにかく気づいたことはできる限り書き（描き）残しておく。 ●丹念に根気よく続けることが後日，大きな財産となり，より充実したバードウォッチング・ライフへとつながります。 ●簡単なスケッチを添えるだけで，情報の厚みと楽しさが増します。

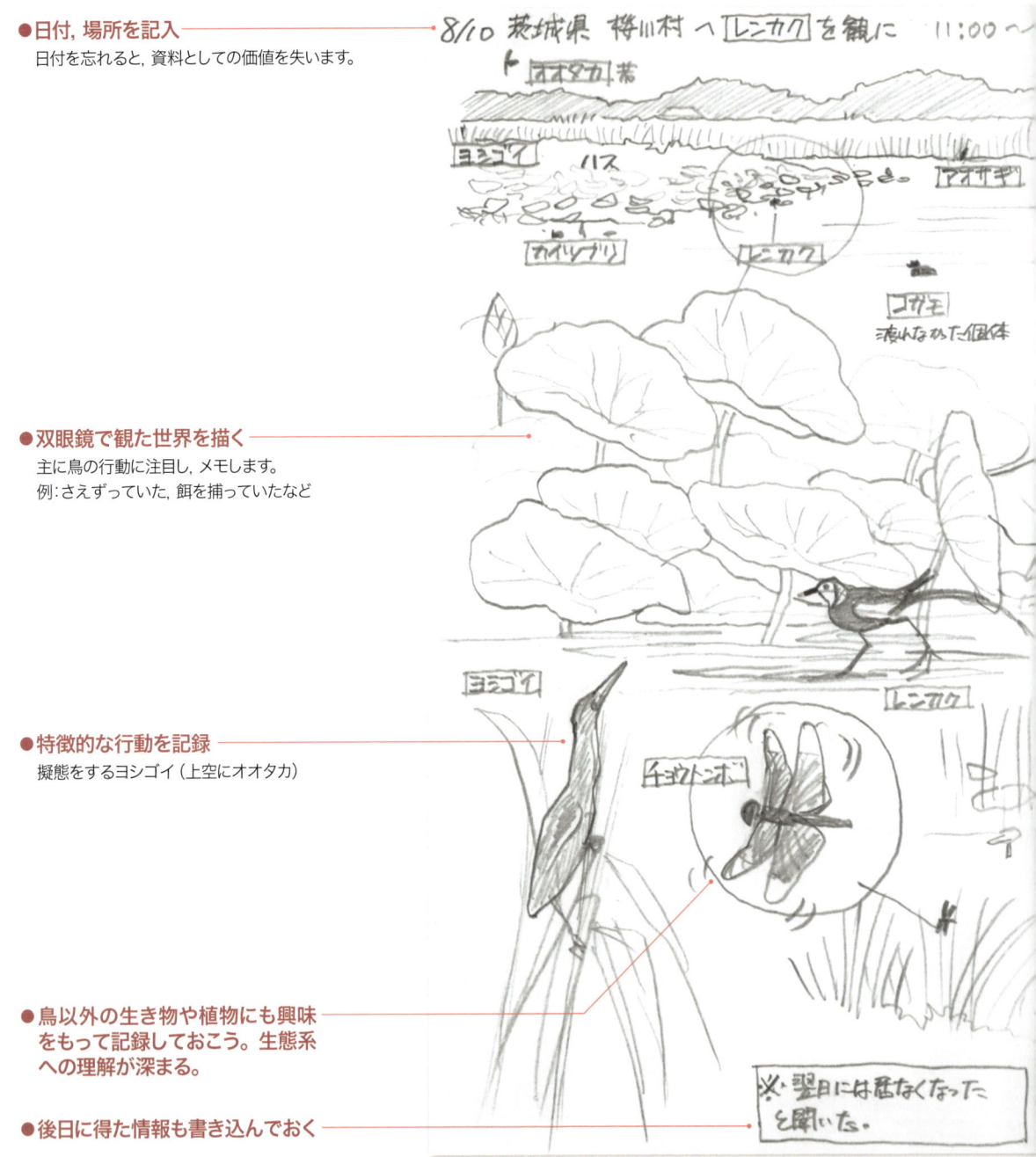

●日付，場所を記入
日付を忘れると，資料としての価値を失います。

●双眼鏡で観た世界を描く
主に鳥の行動に注目し，メモします。
例：さえずっていた，餌を捕っていたなど

●特徴的な行動を記録
擬態をするヨシゴイ（上空にオオタカ）

●鳥以外の生き物や植物にも興味
をもって記録しておこう。生態系
への理解が深まる。

●後日に得た情報も書き込んでおく

※私の場合，ほとんどスケッチで構成します（職業柄）。それほど描き込まなくても，ちょっとしたカットで，当時の空気，鳥の動き，心の在り方まで，鮮明によみがえります。
※フィールドでは，あくまで鳥を観て楽しむのが目的ですから，ノートをつけるのは間が空いたときにすばやく。常に五感はONの状態にしておきましょう。そうした習慣が身につけば，ステキな出会いを体験する確率がグンとアップします。

- **まず全景を描きます**（肉眼で見た様子）。
  環境を把握するため
  視野を狭くしないため

  ※特にお目当ての鳥を見に行くときは要注意。その鳥に気をとられて周囲で起きていることを見逃しがち。この日も，上空にオオタカが現れて鳥たちに緊張が走るが，そのことに気づかないバーダーもいた。

- **フィールドスコープで観た世界を描く**
  羽色を観て♂♀，年齢を識別する。近ければ表情も見て取れる。

- **視点を変え，他の環境も観る**

- **気づいたことを描く**
  季節や年齢によって変化する羽色※の情報は，後に貴重な資料となります。
  （図鑑などにメモする手もあります）

  ※ 夏羽：一般には冬羽に比べて鮮やかで，特に繁殖期にかかわる羽色のこと
  ※ 冬羽：繁殖にはかかわらない羽色のことで，地味な色合いになることが多い

- 自宅に帰ってからは，今日，書き込んだ情報を図鑑などで確認して，より正確なものにします。
  このように，付けた記録で記憶の引き出しを開けたり閉じたり。そして，その情報を確認，整理する作業は
  脳のトレーニングにもなり，私のような50歳を過ぎた者には，思いがけない副産物的効能（ボケ防止）も現れます。

楽しいバードウォッチングを
サポートしてくれる道具たち

私のバーディングツール

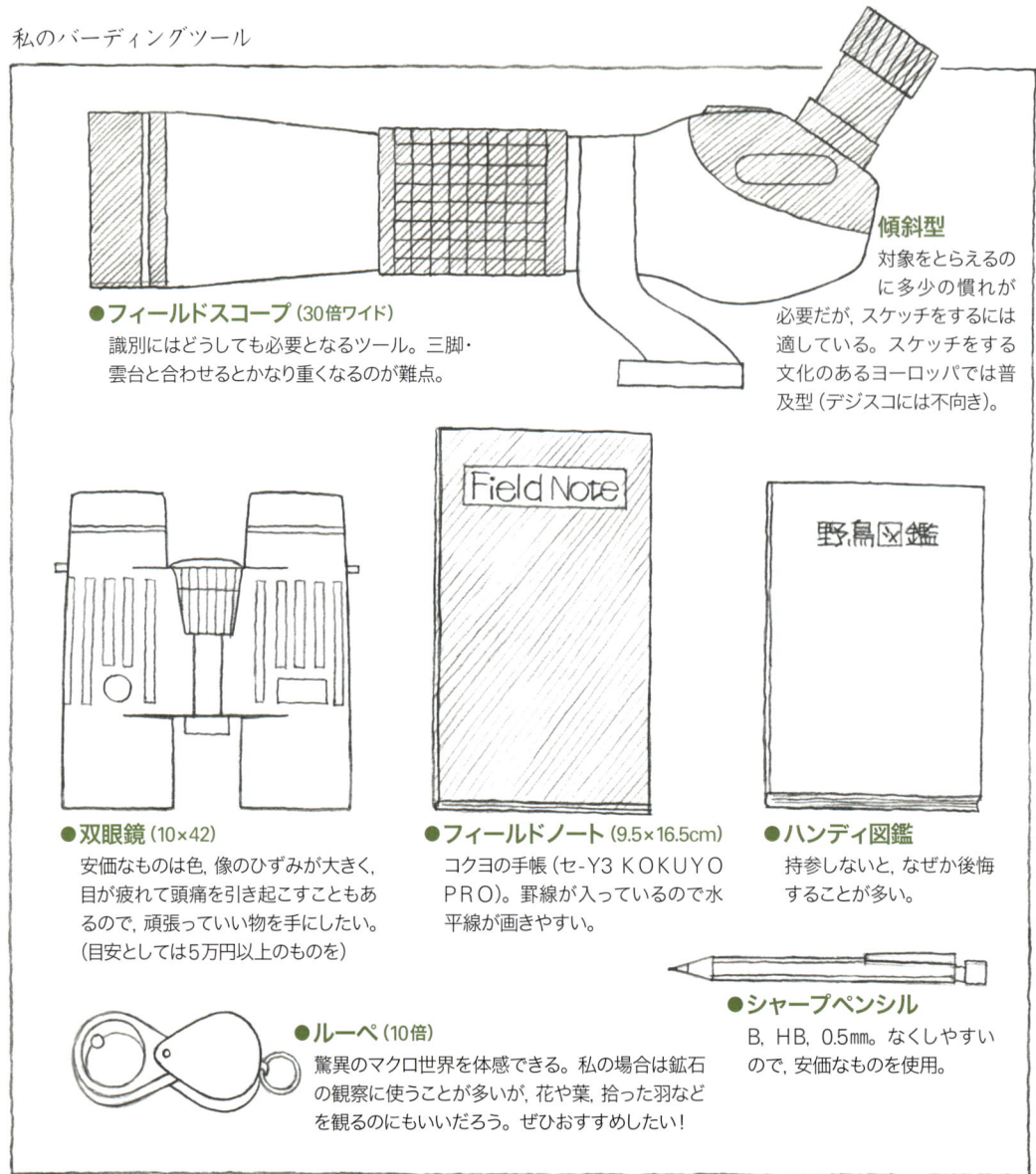

●フィールドスコープ (30倍ワイド)
識別にはどうしても必要となるツール。三脚・雲台と合わせるとかなり重くなるのが難点。

●傾斜型
対象をとらえるのに多少の慣れが必要だが、スケッチをするには適している。スケッチをする文化のあるヨーロッパでは普及型 (デジスコには不向き)。

●双眼鏡 (10×42)
安価なものは色、像のひずみが大きく、目が疲れて頭痛を引き起こすこともあるので、頑張っていい物を手にしたい。(目安としては5万円以上のものを)

●フィールドノート (9.5×16.5cm)
コクヨの手帳 (セ-Y3 KOKUYO PRO)。罫線が入っているので水平線が画きやすい。

●ハンディ図鑑
持参しないと、なぜか後悔することが多い。

●ルーペ (10倍)
驚異のマクロ世界を体感できる。私の場合は鉱石の観察に使うことが多いが、花や葉、拾った羽などを観るのにもいいだろう。ぜひおすすめしたい!

●シャープペンシル
B、HB、0.5㎜。なくしやすいので、安価なものを使用。

※これからバードウォッチングを始めようという人へ

道具の購入に際しては、先輩バーダーや専門店のアドバイスを参考にして、実際に手に取ってみよう。双眼鏡などは首からかけてその重さを体感することも大事だし、店内だけでなく屋外の木を見て、視界が明るく自然な色に見えるものを選びたい。メーカーによってレンズの特性が意外と違うことに気づくはず。

バードウォッチング・カレンダー

季節や環境によって見られる鳥は変わります。
ここでは，月ごとのおすすめのフィールドとそこで見られる野鳥を紹介します。
また，Field Noteの基となった
私自身のフィールドノートを一部，掲載します。
四季折々のフィールドへ出かけ，
季節の移ろいを感じさせてくれる生き物すべてに，
五感を研ぎ澄ましましょう。

ヤマガラ

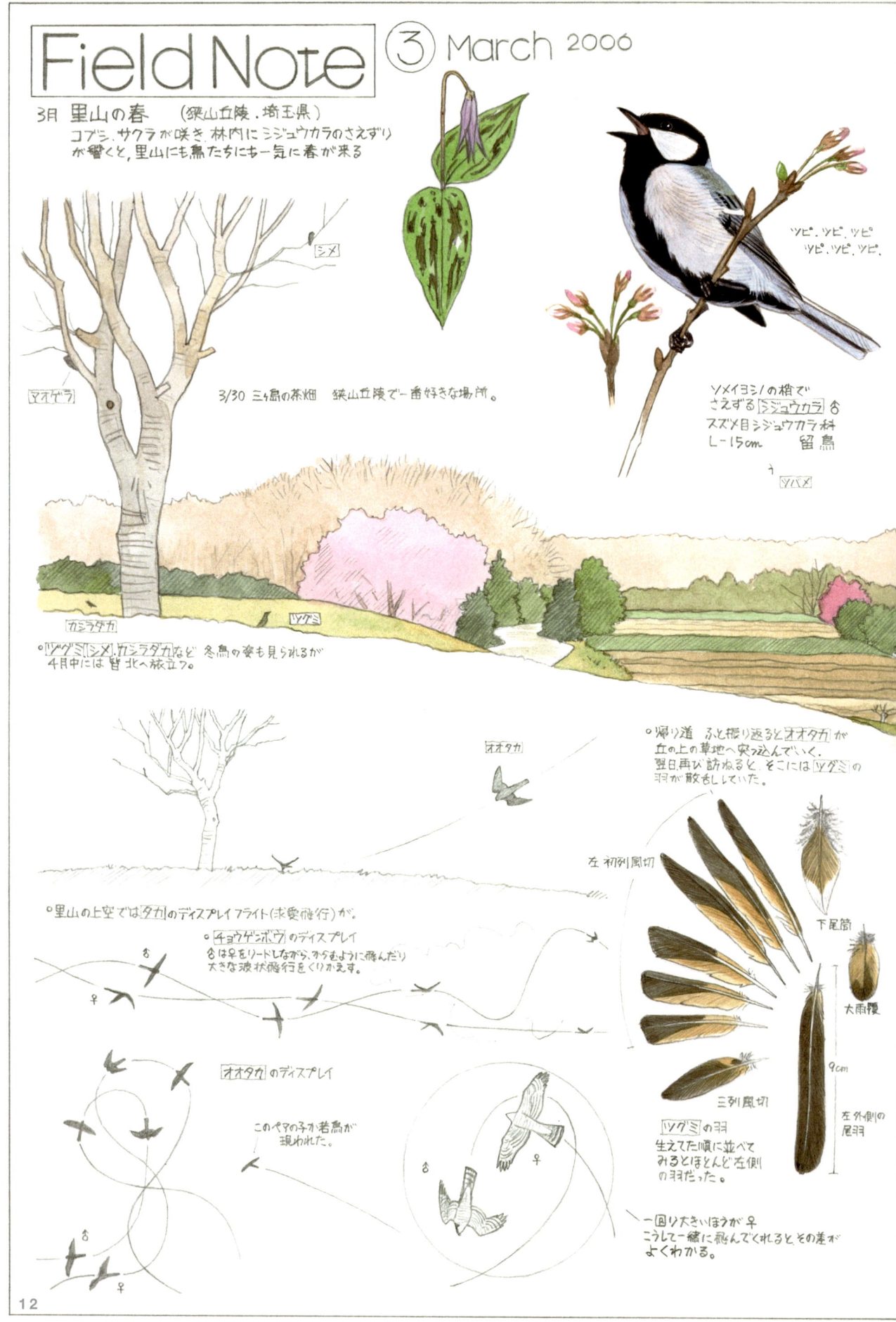

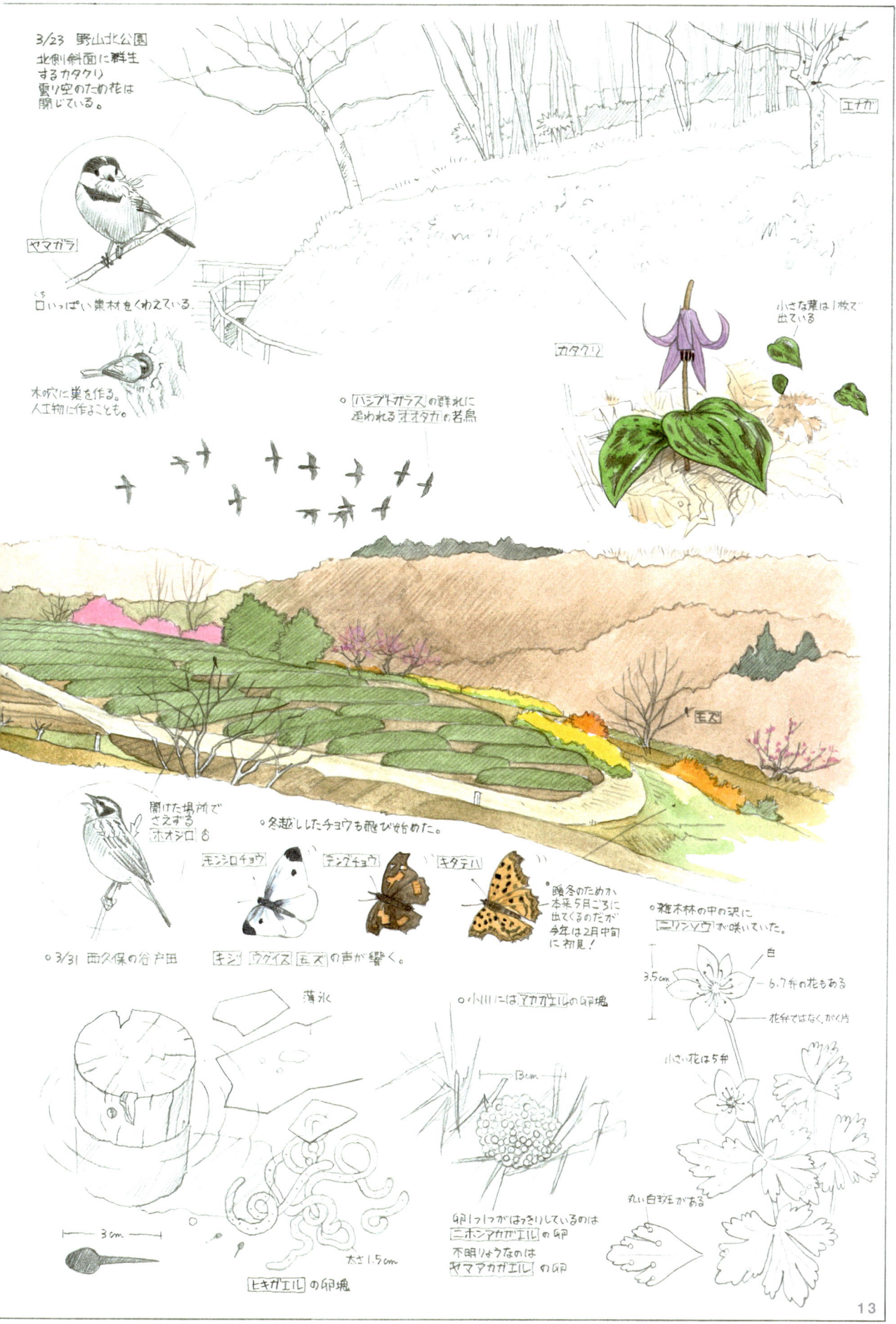

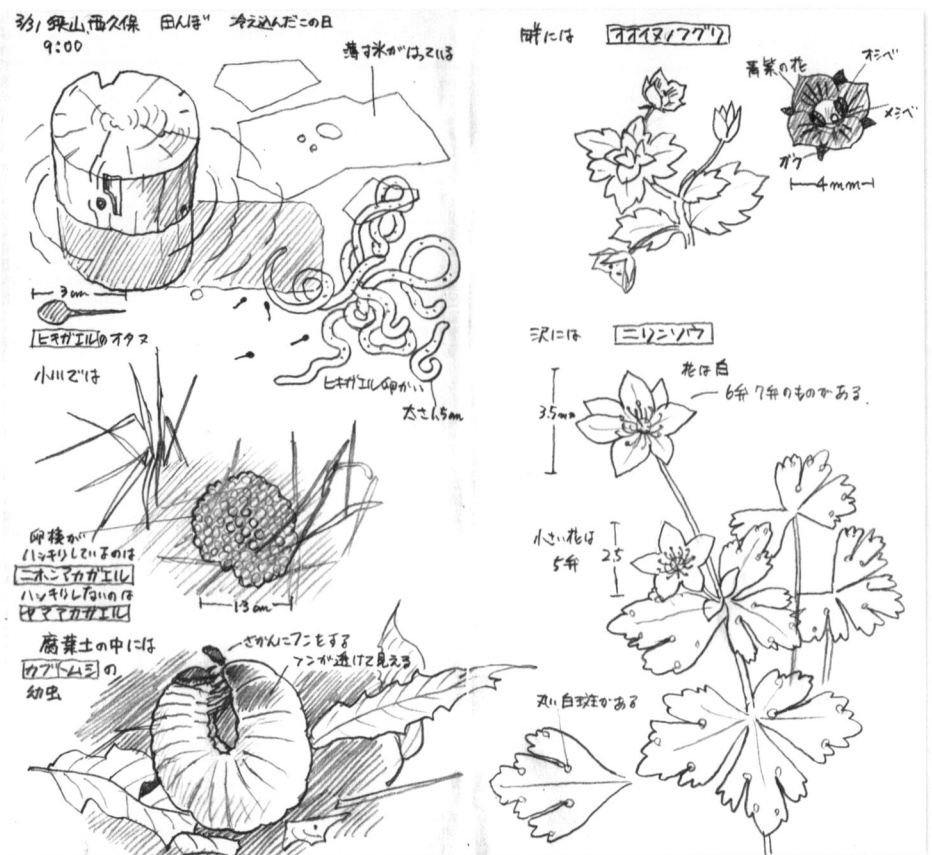

2006年3月31日

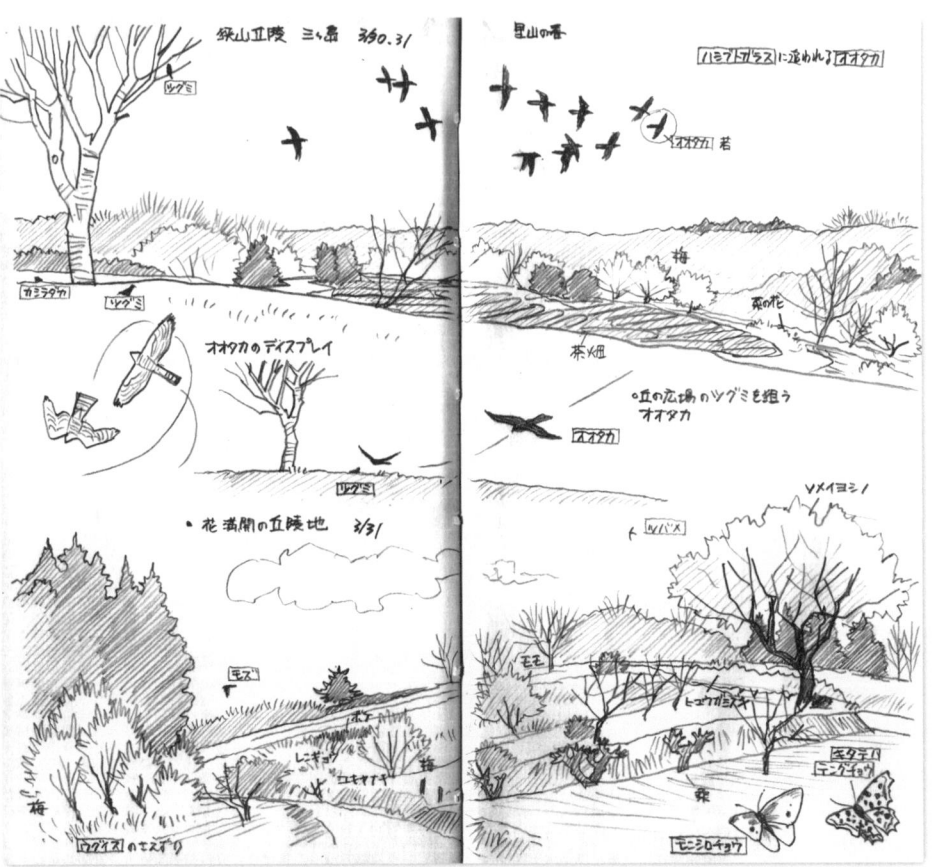

2006年3月30〜31日

春の里山で見られる鳥

チョウゲンボウ♂ L 35cm　W 68〜76cm
留鳥としてほぼ全国に分布する。平地から山地にかけての草原や農耕地、河川敷でよく見られる。停空飛翔で地上にいるネズミや小鳥類をねらう。♪「キィキィキィ……」などと鳴く。

オオタカ L♂ 50cm　L♀ 56cm　W 105〜130cm
北海道・本州・四国で繁殖し、九州・南西諸島には冬鳥として渡来する。平地から山地にかけての林や農耕地を好み、鳥類のほか、ネズミやウサギなどの小型哺乳類も捕らえる。♪「キッ、キッ」「ケッケッ」などと鳴く。

ホオジロ L 17cm
留鳥として屋久島以北に分布する。平地から山地にかけての草原、農耕地、林縁など開けた明るい場所を好む。♪普段は「チチッ」と2、3声で鳴き、「ピッツィーチリリキュ」とさえずる。

エナガ L 13cm
留鳥として九州以北に分布する。非繁殖期は群れで一定のなわばりをもって生活する。平地から山地にかけての林で昆虫や木の実などを採食する。♪普段は「ジュリリ、チュリリ」と鳴き、「チーチーチーツリリジュリリ」とさえずる。

ヤマガラ L 14cm
留鳥として全国に分布する。平地から山地にかけての雑木林を好み、大木のある公園でも見られる。♪普段は「ツツツゥ、ニィニィ」と鳴き、「ツーツーピー」とさえずる。

キジ♂ L 81cm
日本の国鳥。留鳥として九州以北から本州にかけて分布する。開けた場所に出てくることも多く、観察しやすい。顔の赤色（皮膚が裸出した部分）は、繁殖期になると大きく広がる。♪「ケーン、ケーン」「コーコーコー」などと鳴く。

ウグイス L 14-16cm
留鳥としてほぼ全国に分布する。平地から山地にかけての林で、特に林床にササのあるところを好む。♪普段は「ジュッ、ジュッ」と鳴き「ホーホケキョ、ピピピピ、ケキョケキョケキョ」などとさえずる。

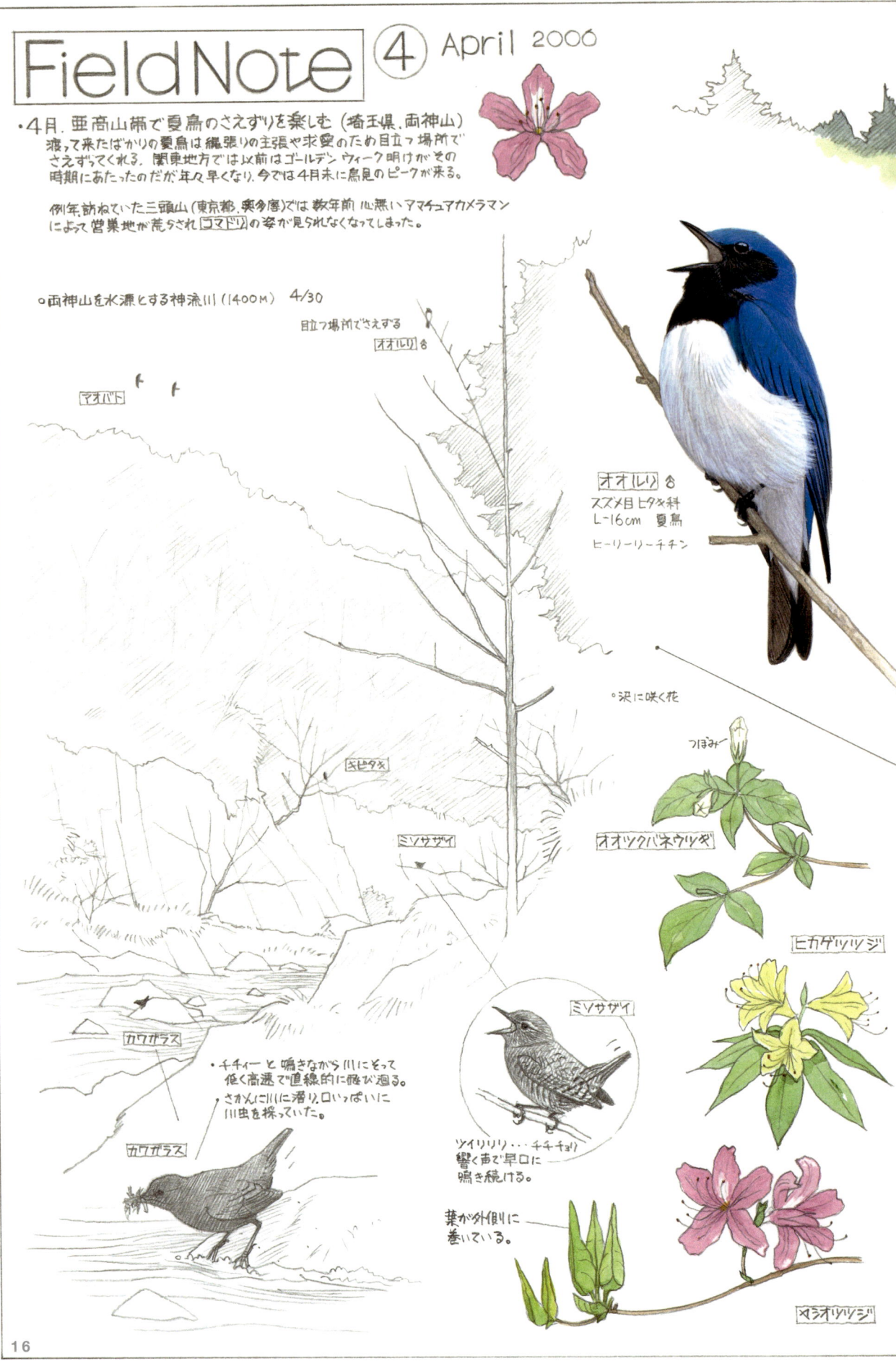

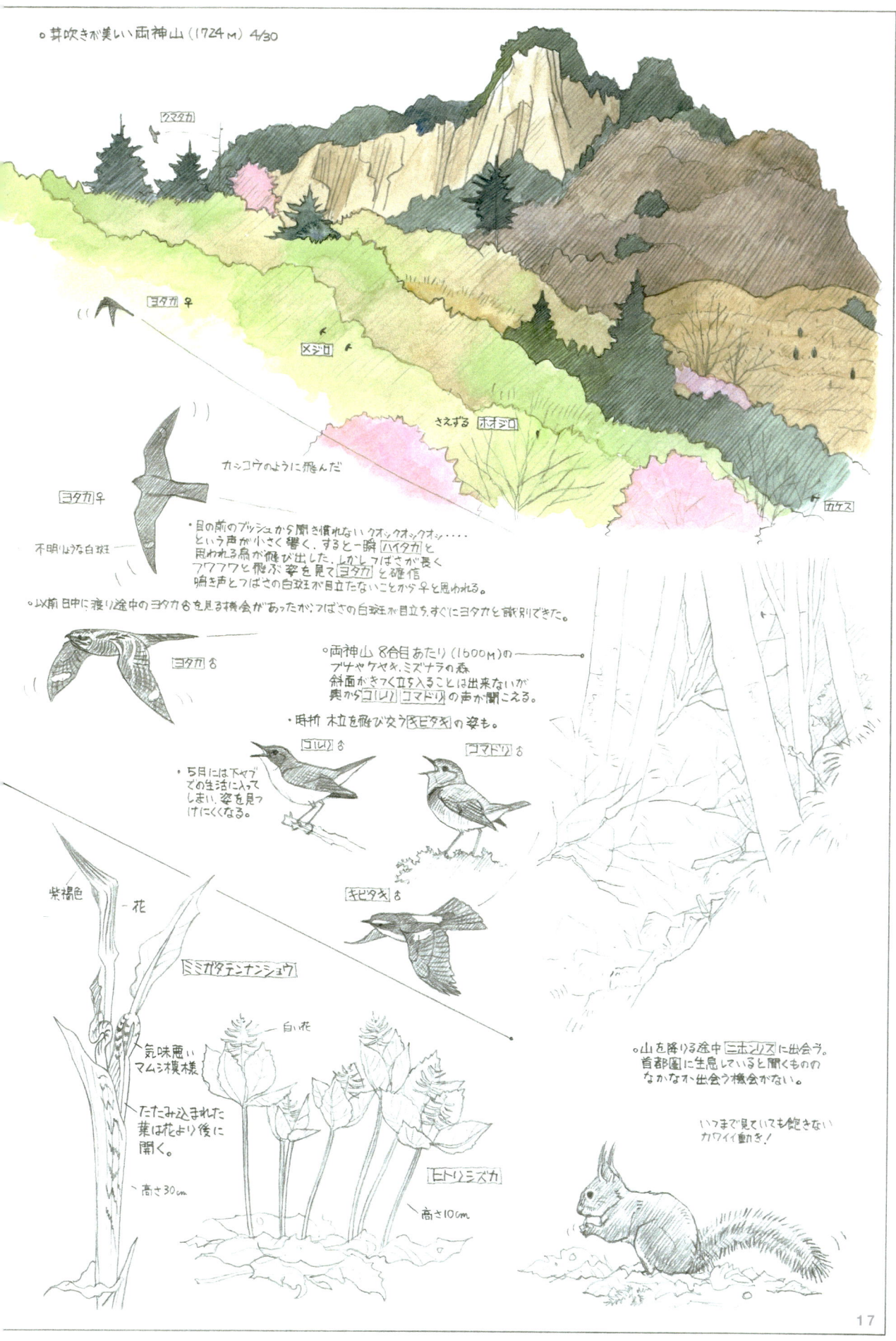

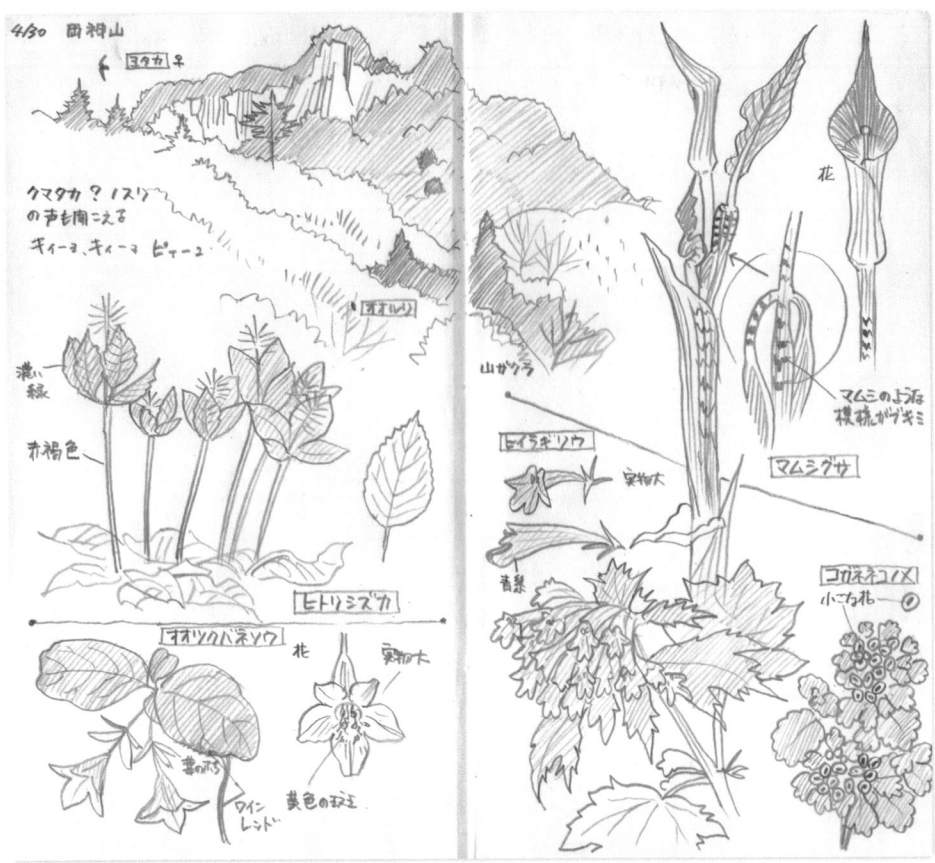

2006年4月30日

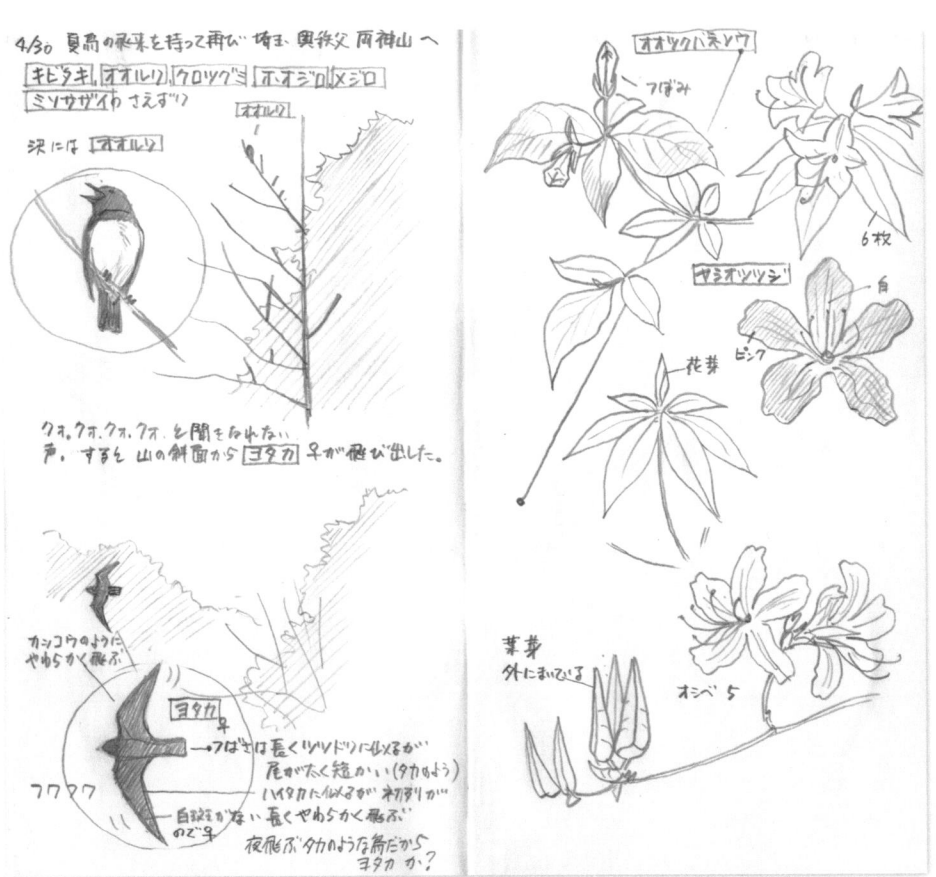

2006年4月30日

亜高山帯で見られる夏鳥

キビタキ♂ L 14cm
夏鳥としてほぼ全国に分布する。平地から山地にかけてのよく茂った林に生息し, 昆虫類をフライキャッチで捕らえる。♪「ピックルピックル, オーシーツクツク」などいろいろな声でさえずる。

アオバト♂ L 33cm
留鳥として九州から北海道まで分布する。平地から山地にかけてのよく茂った林に生息し, 初夏から秋にかけては潮水を飲みに海岸へ出てくる。♪「アー, アオーアーアオー」などと, うなるように鳴く。

ヨタカ L 29cm
夏鳥として九州以北に渡来する。平地から山地にかけての林や草原に生息し, 日中は木の枝に密着するように止まりじっとして動かず, 夜間に飛び回って餌を捕る。♪「キョキョキョ……」と大きく高い声で連続して鳴く。

ミソサザイ L 11cm
留鳥として沖縄県を除く全国に分布する。平地から山地にかけての渓流沿いのやぶや岩のある林に生息する。♪普段は「チョッ, チョッ」と鳴き, 「ツィリリリチャヒヒチリリ……」と, 複雑でよく通る大きな声でさえずる。

カワガラス L 22cm
留鳥として全国に分布する。主に山地の河川, 渓流などに生息し, 潜水して水生昆虫などを採食する。水から離れた場所へ出ることはまずない。♪飛びながら「ビッ, ビッ」と力強く鳴く。

コマドリ♂ L 14cm
夏鳥として九州から北海道, 伊豆七島や屋久島に渡来し, 繁殖する。亜高山帯の針葉樹林や, 下草にササの茂った広葉樹林内で見られる。♪さえずるときは高所に出ることが多く, 「ヒン, カラララ……」と大きな声で鳴く。

コルリ♂ L 14cm
夏鳥として中部地方以北に渡来する。平地から山地にかけての林に生息し, 地面を歩きながら昆虫などを食べる。♪「チチチチ, チョチョチョ……, チョイチョイチョイ」などとさえずる。

里山で見られる鳥

メジロ L 12cm
留鳥として全国に分布する。市街地から山地にかけての林、公園、農耕地で見られる。♪普段は「チー」「チュー」などと鳴き、「チィチョチューチィ」とさえずる。

2006年6月29日

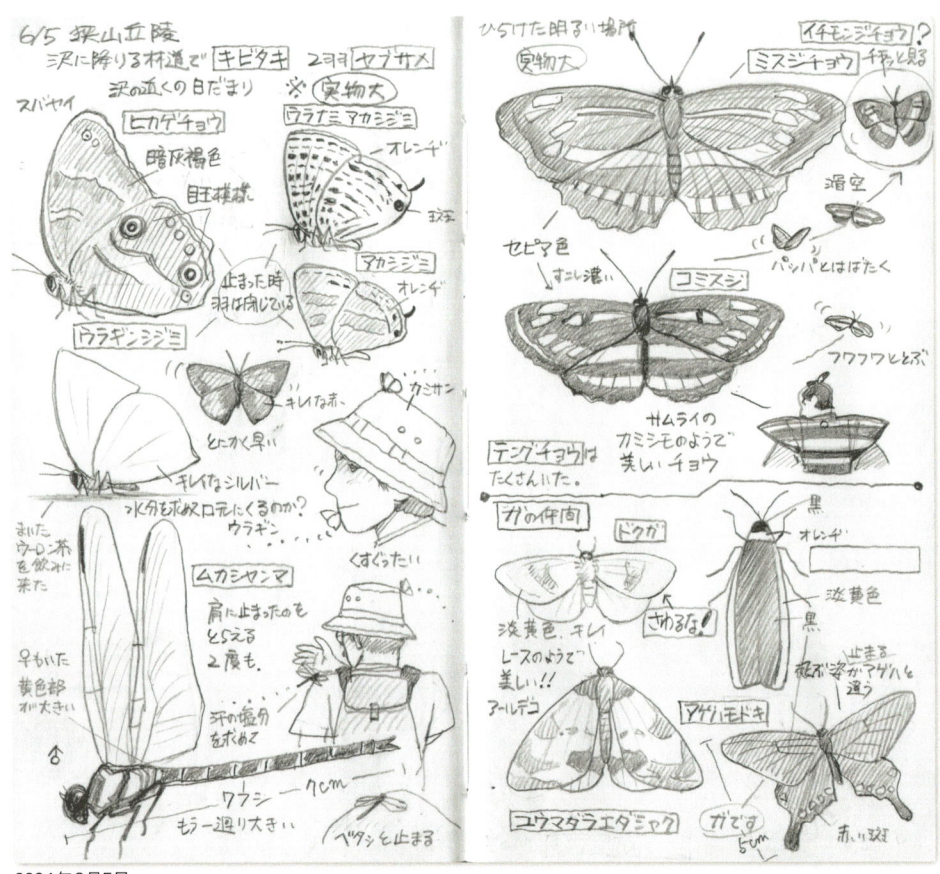

2004年6月5日

カッコウ L 35cm
夏鳥として全国に渡来する。市街地から山地にかけての林や草原, 河原などに生息する。モズ類, ホオジロ類, ウグイス類など, いろいろな種類に托卵※する。♪飛びながら高所に止まり「カッコウ, カッコウ」と鳴く。
※卵の世話を他の鳥に托する習性のこと

ツバメ♂ L 17cm
夏鳥として全国に渡来する。市街地や農耕地など, 人の生活している人家の軒下などに営巣する。飛びながら昆虫類などを採食する。♪「チョチュチチュビィチュチビィ」などとさえずる。

ホトトギス L 28cm
夏鳥として北海道南部以南に渡来する。平地から山地にかけての林に生息する。ウグイスに托卵するため, ウグイスの多い場所でよく見られる。♪「キョッキョ, キョキョキョキョ」と鋭い声で鳴く。

サンコウチョウ♀ L 18cm
夏鳥として本州以南に渡来する。平地から山地にかけての薄暗い森林で繁殖する。林の間を軽快に飛びながら昆虫を捕らえる。♪♂は「フィツー, フィ, ホイホイホイ」と鳴く(♀も♂と同様の声でさえずることがある)。

クロツグミ♂ L 22cm
夏鳥として九州以北に渡来する。平地から山地にかけての林に生息し, 昆虫類やミミズを採食する。♪普段は「キョキョキョ」と鳴き,「キョロキョロ, キョロ, コキー, コキー」などとさえずる。

カケス L 33cm
留鳥として屋久島以北に分布する。平地から山地にかけての暗い林の中にいて, 明るいところへはあまり出ない。冬にドングリなどを木の幹や枝の穴, 地中に隠す習性がある。♪「ジェーィ」としわがれた声で鳴く。

23

左：2006年5月22日

2005年6月28日

住宅地で見られる鳥

キジバト L 33cm
留鳥として全国に分布する。市街地から山地にかけての開けた場所に生息する。鳥の大きさを比較する基準とされる場合が多いので、大きさを覚えておきたい。♪「デデーポーポォ」などと鳴く。

カワラヒワ L 14cm
留鳥として九州以北に分布する。平地から山地にかけての林、農耕地、草地、河原、公園などに生息する。♪普段は「チュウーィン」「キリキリ」などと鳴き、「キリリコロコロ」と飛びながらもよく鳴く。

スズメ L 14cm
留鳥として全国に分布する。市街地から山地にかけての人家のある場所に生息する。鳥の大きさを比較する基準とされる場合が多いので、大きさを覚えておきたい。♪「チュン」「チュッ、チュチュチョン」などと鳴く。

ハシボソガラス L 50cm
留鳥として九州以北に分布する。市街地や村落の農耕地、河原や林などに生息し、大都会ではほとんど見られない。♪「ガァー, ガァー」と濁った声で、頭を上下させながら鳴く。

ハシブトガラス L 57cm
留鳥としてほぼ全国に分布する。海岸から高山帯まで、至るところで見られる。市街地では残飯などをあさるので、迷惑がられている。♪「カァー、カァー」「アーアー」など澄んだ声で鳴く。

ハクセキレイ L 21cm
留鳥としてほぼ全国に分布する。海岸、河川、農耕地、草丈の低い草地などに生息する。建物の隅などに巣を作ることもある。♪「チチッ、チチッ」などと鳴く。

♂(夏羽)　♂(冬羽)

アオジ L 16cm
漂鳥※として全国に分布する。平地から山地にかけての低木林や林縁のやぶに生息する。やぶの中を好むが、さえずるときは木の枝先などにも出てくる。♪普段は「チッ」と鳴き、「チュルリ、ティーリューリー」とさえずる。
※漂鳥:国内を季節移動する鳥のこと

♂(夏羽)　♀(夏羽)

27

Field Note ⑦ July 2003

7月. 高原の鳥 （山梨県 湯の沢峠 1700M）
　2006. 今年は梅雨の長雨が7月の末まで続き、とうとう鳥見の機会を失ってしまった。
そこで今回は大好きなフィールド、湯の沢峠の2003年夏を紹介します。

○湯の沢峠　6/27　7/4
　そこは東京からもさほど遠くなく、峠に広がるお花畑は、大菩薩方面から尾根を縦走してきた、
トレッカーに人気の場所だ。　しかし過去にバーダーに会ったことはない。

○低木とクマザサの茂る登山道を抜けるとパッと視界が開ける！

○尾根に広がるお花畑 シラカバの林からは カッコウ ツツドリ ホトトギス そしてかすかにジュウイチの声も聞こえてくる。
　○高原の鳥を代表するカッコウの仲間　鳴き声を聞けばすぐにわかるが姿はよく似ている。

2003年5月14日

左:2003年6月27日

夏の高原で見られる鳥

ツツドリ L 33cm
夏鳥として九州以北に渡来する。山地の林などに生息するが、渡りの時期には市街地の公園などでも見られる。特にセンダイムシクイに托卵する。♪高所に止まって「ポポッ, ポポッ」と鳴く。

アカゲラ♂ L 24cm
留鳥として九州以北に分布する。平地から山地にかけての林で見られる。木の幹に縦に止まり、昆虫やその幼虫を食べる。♪「キョッ」と鋭い声で鳴く。

ジュウイチ L 32cm
夏鳥として本州以北に渡来する。九州以南では旅鳥。山地の林に生息し、林縁部でガ類の幼虫などを捕る。コルリやオオルリなどに托卵する。♪「ジュウイチ, ジュウイチ」と鳴く。

ノビタキ L 13cm
夏鳥として本州中部の高原、北海道に渡来する。平地から山地にかけての草原や農耕地、河原、湿地などで見られる。♪普段は「ヒッ」「ジャッ」と鳴き、「ヒーチュ, ピチー」とさえずる。

センダイムシクイ L 13cm
夏鳥として九州以北に渡来する。平地から山地にかけての林に生息し、渡りの時期には市街地の公園などでも見られる。♪普段は「ピッ」と鳴き、「チョチョヴィー」などとさえずる。

イワツバメ L 15cm
夏鳥として全国に渡来する。九州では越冬するものもいる。平地から高山にかけての開けた場所で、飛びながら昆虫を捕る。♪「ジュリッ」「ジュッ」などと鳴く。

メボソムシクイ L 13cm
夏鳥として四国と本州以北に渡来する。亜高山帯の針葉樹林に生息するが、渡りの時期には平地の公園や市街地でも見られる。♪普段は「ジッ」と鳴き、「ジュリジュリジュリジュリ……」と尻上がりに大きくなる声でさえずる。

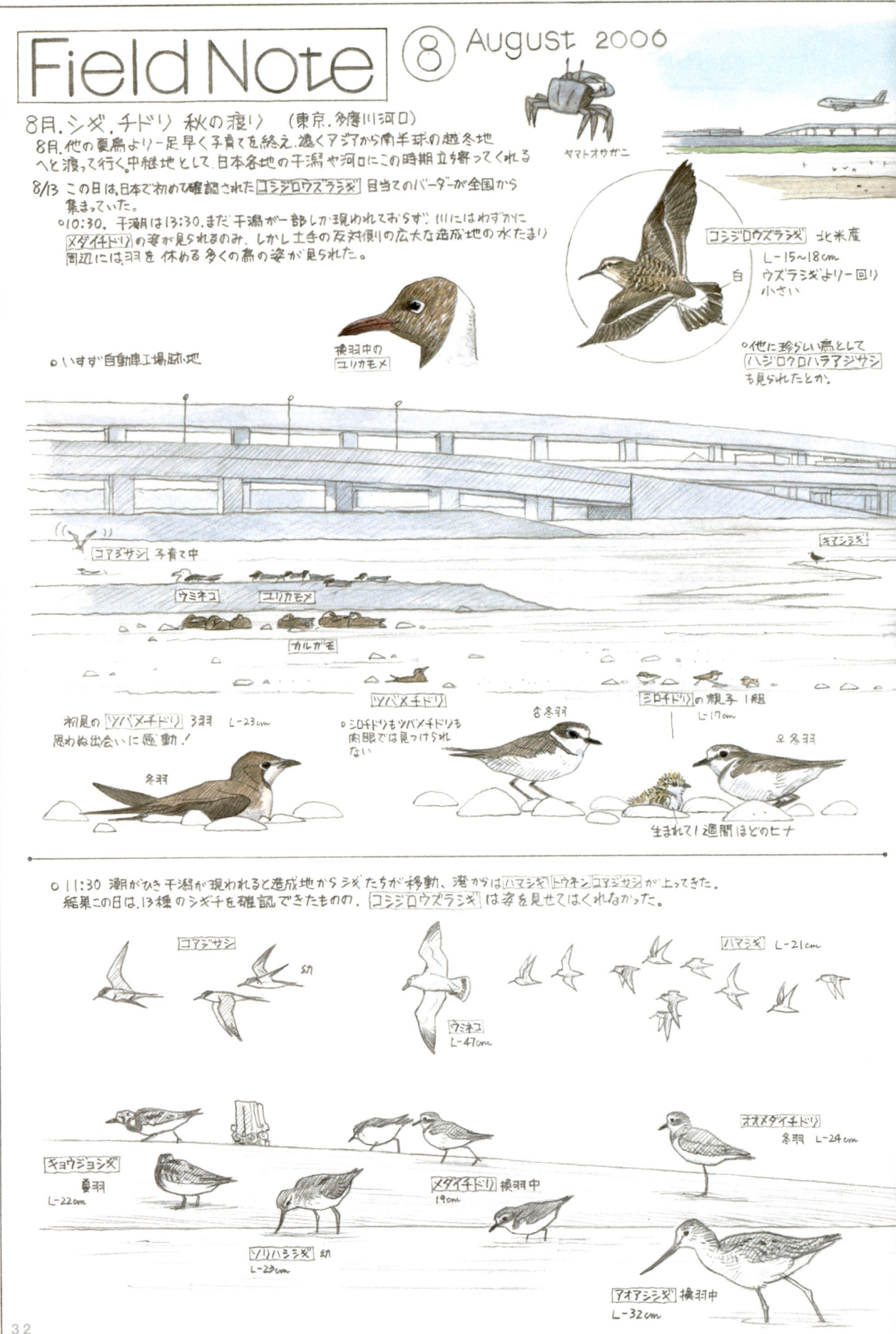

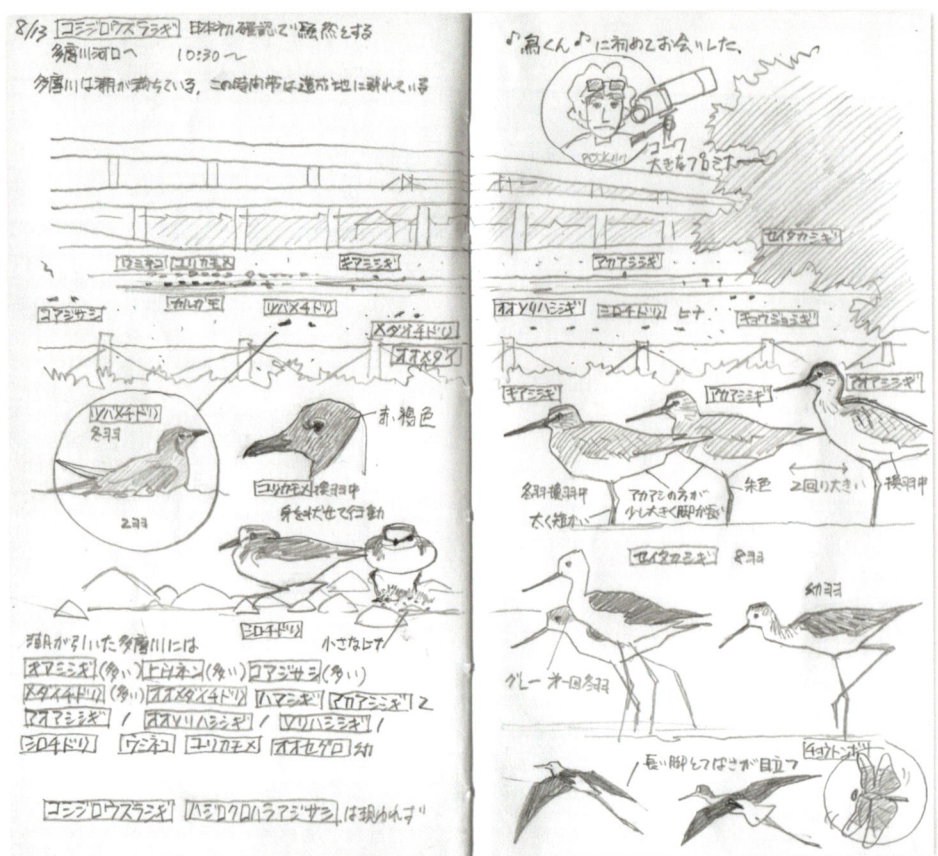

2006年8月13日

夏の河口で見られる鳥

メダイチドリ夏羽 L 19cm
旅鳥として全国に渡来するが, 沖縄県では少数が越冬する。海岸や河口の砂浜や干潟, 水田などで見られる。他のチドリ類といっしょになって動き回り, 歩いては止まるをくり返す。♪飛び立つときに「ピュル」と鳴く。

オオメダイチドリ夏羽 L 21cm
旅鳥として全国に渡来する。海岸や河口の干潟で見られるが, 数は少ない。他のチドリ類に混じっていることが多い。すばやい動きでカニを捕らえる。♪「ピュリ」とやや濁った声で鳴く。

シロチドリ L 17cm
通年見られる。海岸や河口の砂浜や干潟, 河川に生息する。餌を探すときに脚で軽く地面を叩くような動作がしばしば見られる。♪普段は「ピュル」と鳴き, 繁殖期は「ピルル……」と鳴く。

ツバメチドリ夏羽 L 26cm
主に旅鳥として全国に渡来するが, 関東地方以南では繁殖例もある。農耕地や埋め立て地, 荒れ地, 河原など開けた場所に生息する。1年中群れで生活する。♪「キュリリ」「クリリ」と鳴く。

アカアシシギ夏羽　L 28cm
春秋の渡りの時期に渡来する旅鳥。北海道東部では夏鳥。湿地や水田, 河川, 河口付近の干潟などで見られる。♪普段は「ピョー」と鳴き, 警戒すると「ピョピョピョ……」「ピョーピョピョピョ」と連続して鳴く。

アオアシシギ夏羽　L 35cm
旅鳥として全国に渡来する。海岸や河口の干潟に多く, 河川や水田などでも見られる。浅い水辺でカニやゴカイを食べる。♪「チョーチョーチョー」と3音節で鳴く。

オオソリハシシギ冬羽　L 41cm
春秋の渡りの時期に渡来する旅鳥だが, 春の渡来数が多い。海岸や河口の干潟で見られるが, まれに水田や河川に入ることもある。くちばしを地中に差し込んでゴカイなどを上手に引っぱり出して食べる。♪「ケッケッ」「キッ」などと鳴く。

キアシシギ冬羽　L 27cm
旅鳥として全国に渡来する。海岸の砂浜, 岩礁, 干潟, 河口に多く, 河川や水田で見られることもある。群れで行動することが多く, 水辺を活発に動き回って甲殻類や貝類などを食べる。♪「ピューイ」と鳴く。

ソリハシシギ冬羽　L 23cm
旅鳥として全国に渡来するが, 春よりも秋に多い。海岸や河口の干潟に生息し, 淡水域ではあまり見られない。潮の引いた砂地でカニなどを好んで採食する。♪「ピィピィピィ」と笛のような声で鳴く。

キョウジョシギ夏羽　L 22cm
旅鳥として全国に渡来する。海岸の砂浜や岩場, 干潟に生息し, 河川や水田などでも見られる。群れで生活することが多く, 水辺を歩き回って石や海草をひっくり返して採食する。♪「キョ, キョ」「ピリリ」などと鳴く。

トウネン冬羽　L 15cm
旅鳥として全国に渡来するが, 秋よりも春に多い。海岸や河口の干潟や砂浜, 水田, 河原などで見られる。群れで生活するが, 採餌中はばらばらになる。♪飛び立つときに「チュリッ」と小さな声で鳴く。

コアジサシ　L 28cm
夏鳥として本州以南に渡来する。海岸や河川の砂地, 荒れ地, 乾いた河原などで, コロニーをつくって繁殖する。小魚をダイビングで捕らえる。♪飛びながら「キリキリキリ」などと鳴く。

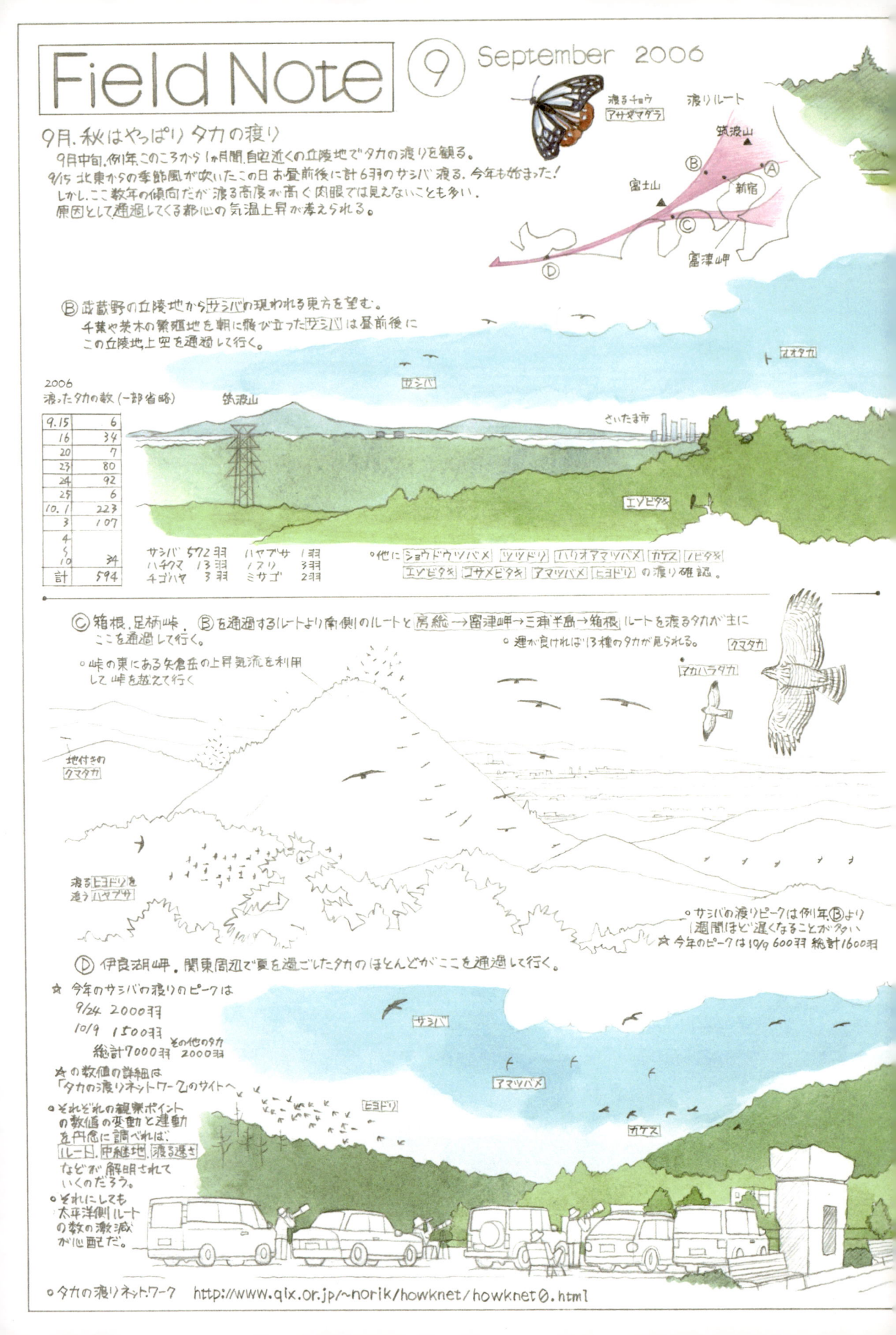

Field Note ⑨ September 2006

9月. 秋はやっぱりタカの渡り

9月中旬、例年このころから1ヶ月間、自宅近くの丘陵地でタカの渡りを観る。
9/15 北東からの季節風が吹いたこの日お昼前後に計6羽のサシバ渡る。今年も始まった！
しかし、ここ数年の傾向だが渡る高度が高く肉眼では見えないことも多い。
原因として通過してくる都心の気温上昇が考えられる。

渡るチョウ　アサギマダラ　渡りルート
筑波山　Ⓑ　Ⓐ
富士山　Ⓒ　新宿
Ⓓ　富津岬

Ⓑ 武蔵野の丘陵地からサシバの現われる東方を望む。
千葉や茨木の繁殖地を朝に飛び立ったサシバは昼前後に
この丘陵地上空を通過して行く。

筑波山　サシバ　オオタカ　さいたま市　エゾビタキ

2006 渡ったタカの数 (一部省略)

日付	数
9.15	6
16	34
20	7
23	80
24	92
29	6
10.1	223
3	107
4	
5	
10	34
計	594

サシバ 572羽　ハヤブサ 1羽　他にショウドウツバメ　ツツドリ　ハリオアマツバメ　カケス　ノビタキ
ハチクマ 13羽　ノスリ 3羽　エゾビタキ　コサメビタキ　アマツバメ　ヒヨドリ の渡り確認。
サゴハヤ 3羽　ミサゴ 2羽

Ⓒ 箱根、足柄峠。Ⓑを通過するルートより南側のルートと 房総→富津岬→三浦半島→箱根 ルートを渡るタカが主に
ここを通過して行く。
　○ 運が良ければ13種のタカが見られる。　クマタカ
　○ 峠の東にある矢倉岳の上昇気流を利用
　　して峠を越えて行く

地付きの クマタカ　ハチクマ　タカ

渡るヒヨドリを　渡るハヤブサ
　　　　　○ サシバの渡りピークは例年Ⓑより
　　　　　　1週間ほど遅くなることが多い
　　　　　☆ 今年のピークは10/9 600羽 総計1600羽

Ⓓ 伊良湖岬。関東周辺で夏を過ごしたタカのほとんどがここを通過して行く。

☆ 今年のサシバの渡りのピークは
　9/24 2000羽
　10/9 1500羽　その他のタカ
　総計 7000羽　2000羽

○ ☆の数値の詳細は
「タカの渡りネットワーク」のサイトへ

○ それぞれの観察ポイント
の数値の変動と連動
を丹念に調べれば
ルート、中継地、渡る遅さ
などが解明されて
いくのだろう。

○ それにしても
太平洋側ルート
の数の激減
が心配だ。

サシバ　アマツバメ　ヒヨドリ　カケス

○ タカの渡りネットワーク　http://www.qix.or.jp/~norik/howknet/howknet0.html

Ⓐ サシバが子育てをした里山 （千葉県.印旛沼周辺）
子育てを終えた8月から渡りの始まる9月の末まで姿が見られなくなる。その間の行動はナゾだ。
放立ちの時どこでどのようにして群れが形成されるのだろう？放立つ瞬間を見てみたい！

アマツバメ
ハチクマ
ツミ
サシバ
ノスリ
丘陵地の上昇気流を捕えてタカ柱が立った
池袋
コゴハヤブサ
新宿

○10年ほど前には1200羽ほどのサシバの渡りを見ることができたが5年前には900羽、そして昨年、今年600羽と激減。
○この時期この丘陵地では11種のタカを見ることができる。

● 渡るタカ

サシバ ♂
タカ目タカ科
夏鳥、南西諸島
では冬鳥
L— ♂ 47cm
♀ 51cm

ピックイー

トビ ミサゴ ハチクマ ノスリ ハヤブサ
コゴハヤブサ
チョウゲンボウ
ツミ ハイタカ オオタカ

○ツミ.ハイタカは
渡るのが10月の
後半になることも。

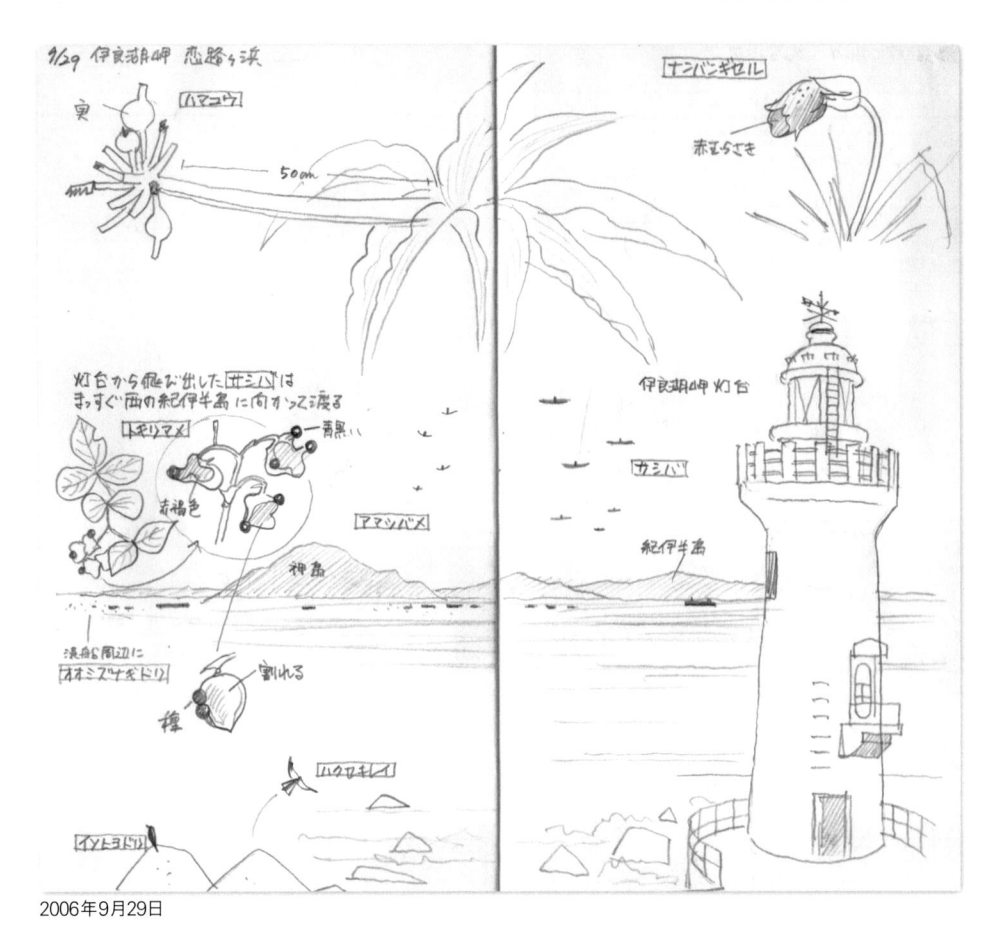

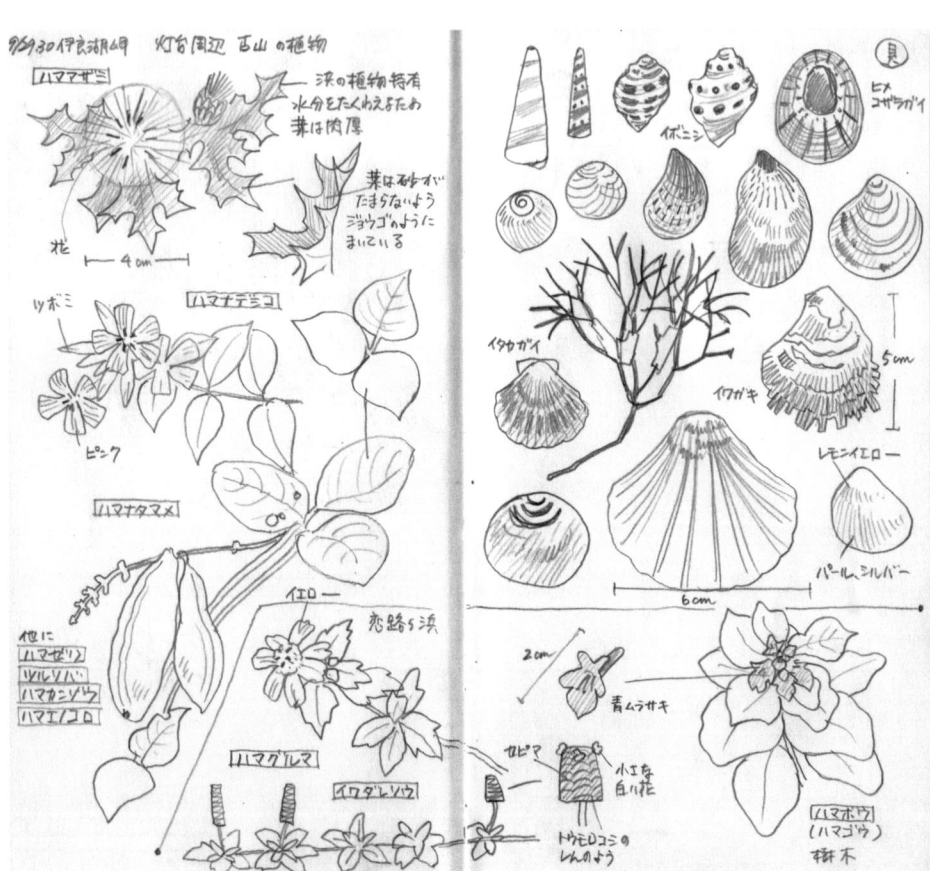

2006年9月29日

2006年9月29日

渡りの時期に見られる鳥1

アカハラダカ L 30cm
旅鳥として春秋の渡りの時期に、九州以南に多く渡来する。山地から平地にかけての林や農耕地、池などで見られる。秋の渡り時期には数万の群れが上空を舞うこともある。♪「キョッキョッ」と鳴く。

アマツバメ L 20cm W 43cm
夏鳥として全国に渡来する。海岸から高山まで、空中を舞っている様子がどこでも見られる。飛びながら昆虫類を採食する。また、岩の隙間などに羽毛や枯れ草を唾液で固め巣をつくる。♪飛びながら「チュリリー」と鳴く。

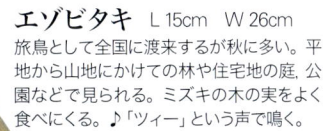

エゾビタキ L 15cm W 26cm
旅鳥として全国に渡来するが秋に多い。平地から山地にかけての林や住宅地の庭、公園などで見られる。ミズキの木の実をよく食べにくる。♪「ツィー」という声で鳴く。

ノスリ
L♂52cm、♀57cm W♀137cm
冬鳥としてほぼ全国に渡来する。四国と本州以北では留鳥。平地から山地にかけての林、草原、水田、畑、河原などで見られる。ネズミや他の哺乳類の屍肉などを食べる。♪「ピィーイ」と低い声で鳴く。

チゴハヤブサ L 33cm W 87cm
夏鳥として中部地方以北へ渡来する。秋冬は本州以南へも移動する。繁殖地では平地の林や農耕地を好み、巣は鉄塔や河畔林、牧場の林や屋敷林で見られる。主に小鳥やトンボを空中で捕らえて食べる。♪「キィキィ」と鋭い声で鳴く。

ハイタカ
L♂31cm、♀39cm W♀76cm
留鳥または冬鳥として全国に分布する。平地から山地にかけての林や農耕地で見られ、鳥類やネズミを捕って食べている。♪「キッキッキッ」と鋭い声で鳴く。

ハチクマ
L♂57cm、♀61cm W♀135cm
夏鳥として九州以北に渡来する。低山から山地にかけての林や森林で生息する。渡りの時期には群れをつくり、全国で見られる。主にハチの成虫や幼虫を食べるが、カエルやヘビなども食べる。♪繁殖期に「ピーユー」などと鳴く。

39

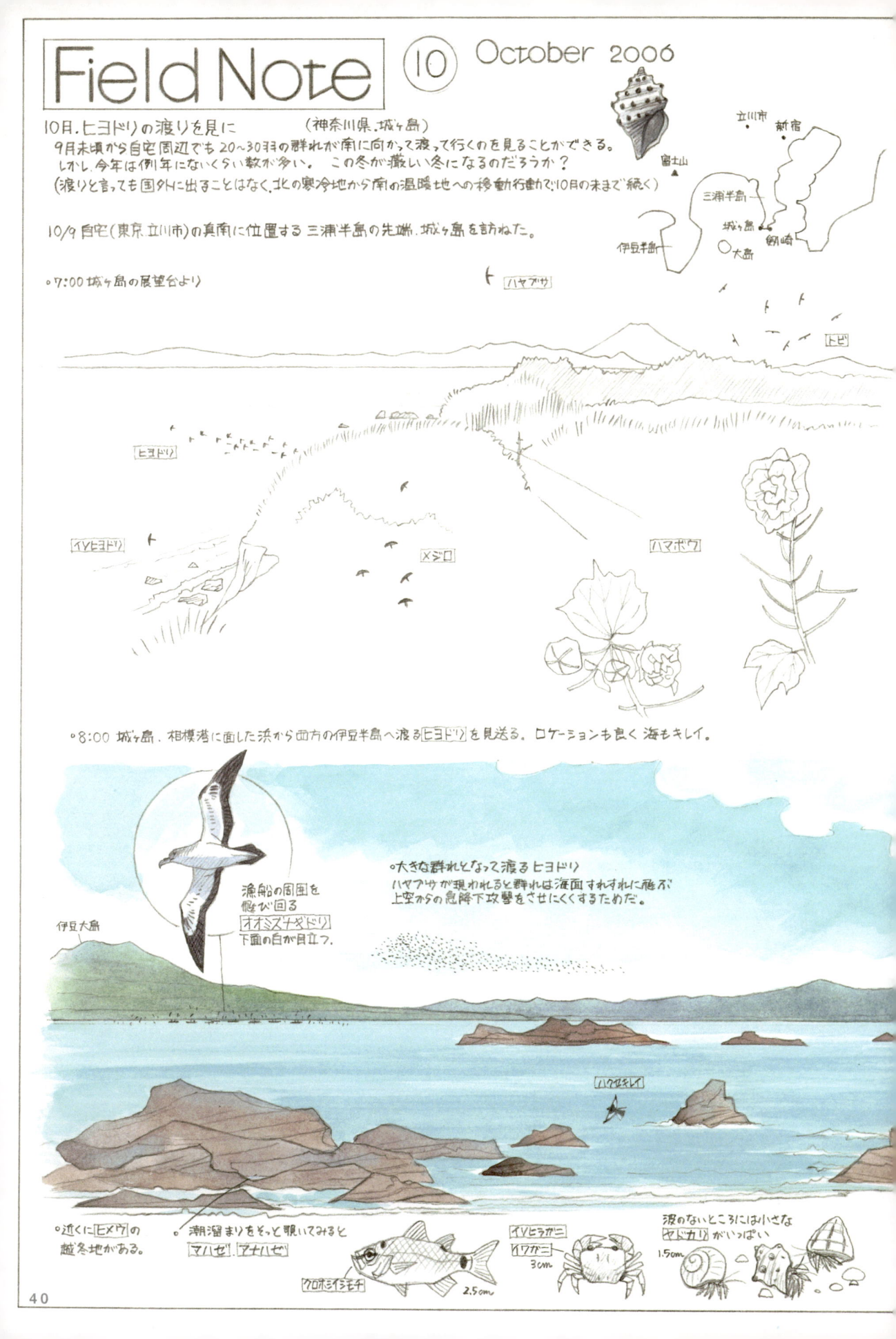

Field Note ⑩ October 2006

10月、ヒヨドリの渡りを見に （神奈川県、城ヶ島）

9月末頃から自宅周辺でも20〜30羽の群れが南に向かって渡って行くのを見ることができる。
しかし、今年は例年にないくらい数が多い。この冬が厳しい冬になるのだろうか？
（渡りと言っても国外に出ることはなく、北の寒冷地から南の温暖地への移動行動で10月の末まで続く）

10/9 自宅（東京、立川市）の真南に位置する三浦半島の先端、城ヶ島を訪ねた。

○ 7:00 城ヶ島の展望台より

- ハヤブサ
- トビ
- ヒヨドリ
- イソヒヨドリ
- メジロ
- ハマボウ

○ 8:00 城ヶ島、相模港に面した浜から西方の伊豆半島へ渡るヒヨドリを見送る。ロケーションも良く海もキレイ。

- 漁船の周囲を飛び回る **オオミズナギドリ** 下面の白が目立つ。
- 伊豆大島
- ハクセキレイ

○大きな群れとなって渡るヒヨドリ
ハヤブサが現れると群れは海面すれすれに飛ぶ。上空からの急降下攻撃をさせにくくするためだ。

○近くにヒメウの越冬地がある。
○潮溜まりをそっと覗いてみると マハゼ、アナハゼ、クロホシイシモチ 2.5cm、イワガニ・イソヒラガニ 3cm

○波のないところには小さな **ヤドカリ** がいっぱい 1.5cm

○市街地を渡って行く ヒヨドリ 。すべて南へ向かう。

ハヤブサ ♀ 留鳥、冬鳥
タカ目ハヤブサ科
L－♂42cm ♀49cm
キィーキィーキィー

ミサゴ

○剱崎灯台
上空に2羽の
ミサゴ 現れる。

○捕えた ヒヨドリ を
飛びながら食べる。
ハヤブサ

○ヒヨドリの渡り。
4時に60～80羽の群れが続々集まってくる。
何度も海上に飛び出して行くのだが、すぐに戻って来て
しまう。そのうち群れがだんだん大きくなり
300～500羽の群れになった時、一気に渡って行った。

○大きな群れになるのは ハヤブサ などの天敵から身を
守るためのリスク配分なのだ。

イソヒヨドリ

コサギ

岬の遊歩道で
干上がっているミミズ
を捕ってきては食べ
ていた イソヒヨドリ ♂。

浜は砂ではなくすべて貝殻。
そのおかげで水はにごることも
なく、キレイだ！

○他にメジロ、ホオジロ
ハクセキレイ、コムクドリが
渡るため岬に集まっていた。

コムクドリ

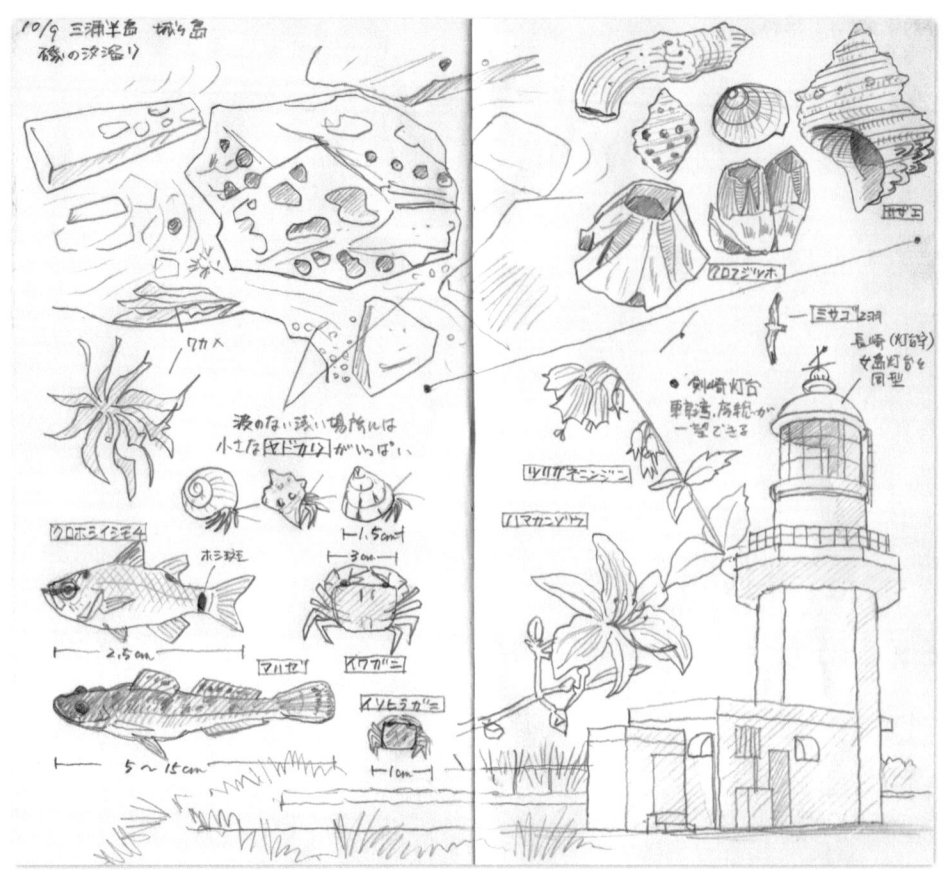

2006年10月9日

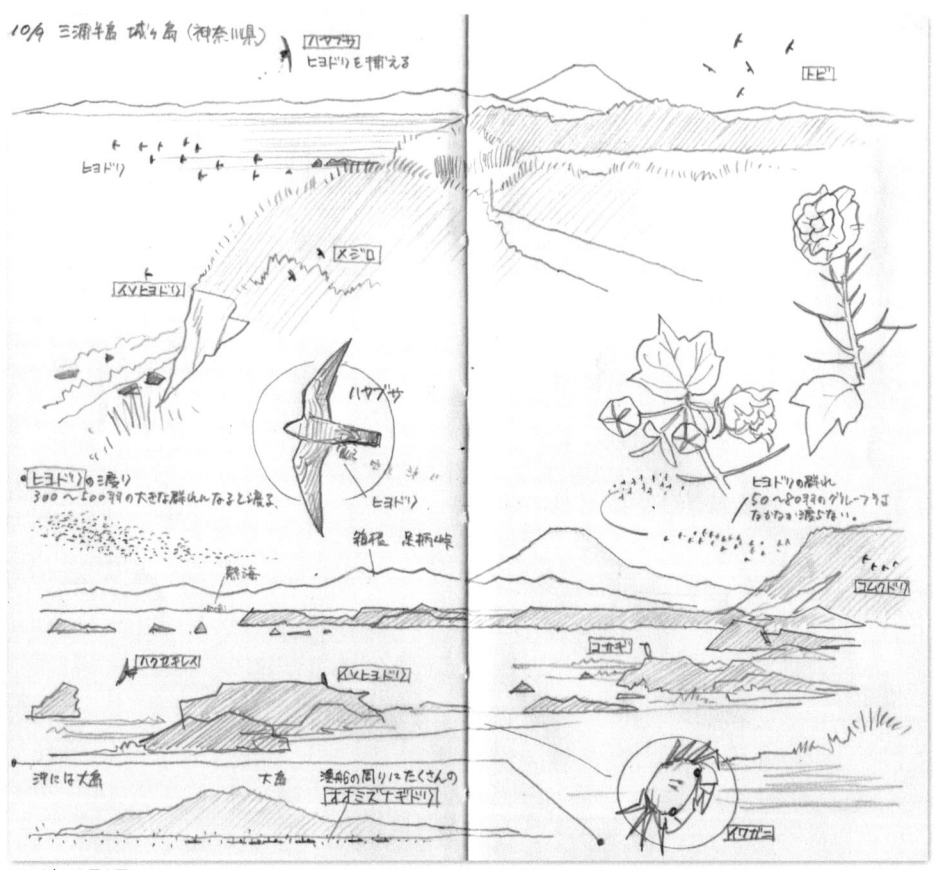

2006年10月9日

冬の公園で見られる鳥

ジョウビタキ♂ L 15cm
冬鳥として全国に渡来する。平地から山地にかけての雑木林や，市街地などの明るく開けた場所で見られる。杭の上など目立つ場所に止まる。♪「ヒッヒッ」「カッカッ」と続けて鳴く。

モズ♂ L 20cm
留鳥として全国に分布する。平地から山地にかけての農耕地や林縁など，開けた場所で見られる。止まっているときに尾を振り回す。♪「キィーキィー」「キィキィキィ」など大きな声で鳴く。他の鳥の鳴き真似をすることもある。

シメ♂冬羽 L 19cm
冬鳥としてほぼ全国に分布し，中部地方以北では少数が繁殖する。平地から山地にかけての林，市街地の公園や庭などで見られる。♪普段は「ブチッ」と鋭く鳴き，「チッチッチ，ピチチチ」などと小さな声でさえずる。

オナガ L 37cm
留鳥として中部地方以北の本州に分布する。市街地から山地にかけての林や屋敷林，公園などで見られる。1年中群れで生活し，雑食性。♪「ゲー」「ゲッ」「ギューイ」などと濁った声で鳴く。

コゲラ L 15cm
留鳥として全国に分布する。平地から山地にかけての林や市街地の公園などで見られる。繁殖期には，嘴で木の梢をタラララ……と連続的に叩くが，他のキツツキに比べ短く小さい音だ。♪「ギィー」「ギッギッギッ」などと鳴く。

ムクドリ L 24cm
留鳥として九州以北に分布する。平地から山地にかけての住宅地や農耕地，河原，草原などで見られる。地面を歩いて餌を探すことが多い。♪「キュリリッ」「キュ」などと鳴く。

カイツブリ冬羽 L 26cm
留鳥として全国に分布する。北日本の個体は，冬に暖かい所に移動する。平地から山地にかけての湖沼，池，河川などで見られる。♪「キュリリリリ……」とけたたましく鳴く。

47

Field Note ⑫ December 2006

カラマツ

12月. 亜高山帯の冬鳥

亜高山帯では青い鳥に代表される夏鳥に対し、冬はオオマシコを筆頭とするバーダー憧れの赤い鳥たちに出会える。しかし、今年は梅雨の長雨とドングリの不作の年が重なり山では餌不足が心配される。事実、自宅周辺の雑木林にドングリを餌としているヤマガラの姿が目立つ。それに加えウソも多く里に降りてきている。

12/11 オオマシコ の越冬地で知られる 国設軽井沢野鳥の森(長野県)を訪ねた。

○ 森の中では・・・

ゴジュウカラ / 巣箱と幹にムササビのツメ痕 / エナガ / コガラ / シラカバの樹皮を剥いで虫を探す エナガ / シジュウカラ / アオゲラ / サワグルミ

・ミズナラの木はあるがドングリは見つけられず、わずかにツルウメモドキの実と沢でハンノキとヤドリギの実を見たのみ。森の小鳥も昆虫を探すカラ類が大半で冬鳥はジョウビタキの声を聞いただけで終わる。

12/30 多摩川の水源域、一ノ瀬高原 (山梨県) 1380m
・数日前にオオマシコを見た」との情報に急ぎ訪ねるも、またもや冬鳥にすら会えず。

群れで行動する冬鳥
アトリ ♂ / マヒワ ♂

・例年ならアトリやマヒワの大きな群れが見られる。

カラマツ / クマタカ

※ 会えたのは クマタカ のみ。

- 12/1 軽井沢野鳥の森より浅間山(2568M)を望む。
  冬鳥には出会えなかったが、やわらかい稜線の
  雪の浅間山を見ているだけで心地良い。

○オオマシコ情報のある
草地(日本の探鳥地,文一)
しかしこの日鳥の姿はな
かった。

オオマシコ 成鳥♂

アカウソ ♂
スズメ目 アトリ科
L-16cm 冬鳥
フィー・フィー.

冬の小鳥は
ぷっくりとして
愛らしい。

12/14 毎年冬鳥を観に訪れる 奥多摩浅間尾根(東京都)1100M
ウソの群れに数羽のアカウソが混じっていた。
この冬初の赤い鳥。

アカウソ

周遊道路では
ソメイヨシノの花芽
を食べる姿を
よく見かける。

12/30 一の瀬高原の帰り再び奥多摩へ寄ってみた。
周遊道路の途中、草地で冬鳥のカシラダカの群れに出会う。

カシラダカ ♀

○浅間尾根では。
ウルシ、ヌルデ、ハンノキ
の実は、すっかり
無くなり、一本の
アカマツに多くの
鳥が群れていた。

○今回もベニマシコなど
の冬鳥の姿はない。

マツの実を
食べるヒガラ

葉に付く
アブラムシを
採るコガラ
ヤマガラ
シジュウカラ

コゲラ

○結局この冬、山地の餌不足で多くの冬鳥は里山や平地に下りていたようだ。
  事実、年明けに思わぬ場所でのオオマシコ情報が入ってきた。
○やっと出会えた憧れの赤い鳥(茨城県、筑波山 梅林公園 200M)

○1月に多摩川で出会えた
ベニマシコ ♂

オオマシコ
1033～

成鳥♂

成鳥♀

頭部が大きく
ガッチリした感
じの♀

若鳥♀と思われる。

若鳥♂と思われる。
一回り小さく
スリムに見えた。

49

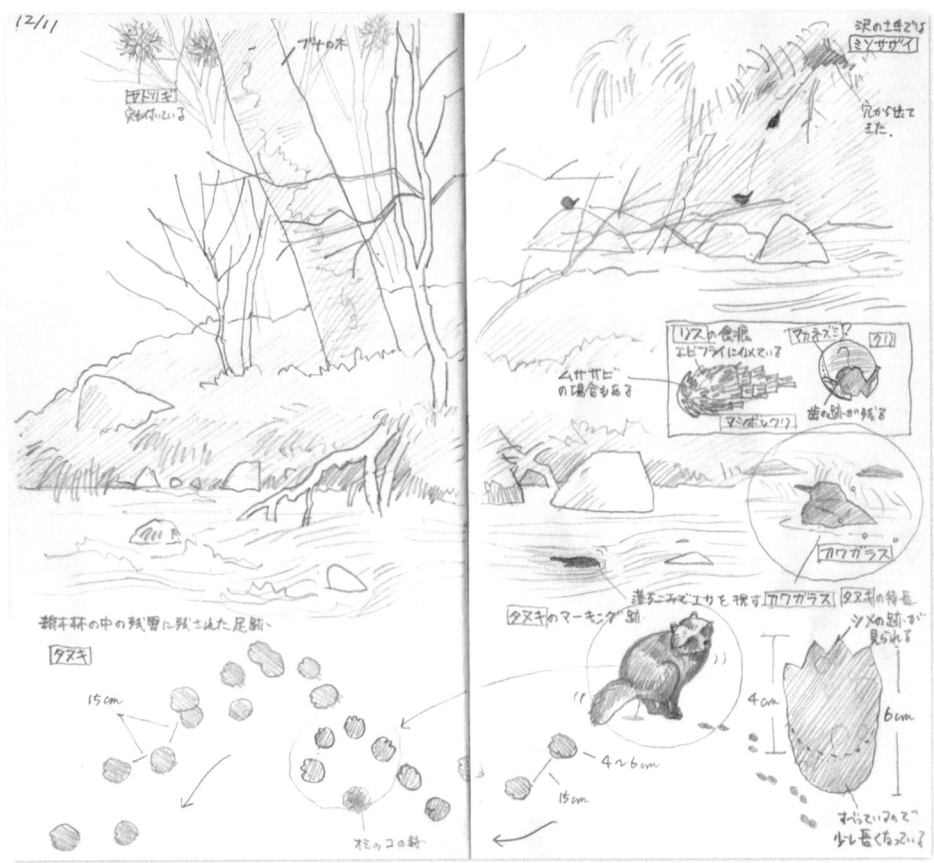

2006年12月11日

右：2006年12月14日

冬の高原・亜高山で見られる鳥

コガラ L 13cm
留鳥として九州以北に分布する。山地の林に多いが、冬は平地の林で見られることもある。小群で生活し、カラ類の混群に加わることがある。♪ヤマガラに似た声で「ツゥツゥ, ニィニィ」と鳴く。

ヒガラ L 11cm
留鳥として屋久島以北に分布する。平地から山地にかけての針葉樹林や針広混交林などで見られる。♪普段は「チー」と鳴き、「ツピン, ツピン」と連続してさえずる。

ゴジュウカラ L 14cm
留鳥として九州以北に分布する。平地から山地にかけての林、市街地の公園などで見られる。頭を下にしたまま木の幹を歩くことができる。♪普段は「チィチィ」と鳴き、「フィーフィーフィー」「フィリリリリリ」と大きな声でさえずる。

マヒワ L 13cm
冬鳥として全国に渡来し、北海道では少数が繁殖する。山地から平地にかけての林や草原、河原などで見られる。採食しながら飛び回り、あまり地面に降りない。♪普段は「ジュイーン」と鳴き、「チル, チュル, チュル, チュイーン」とさえずる。

アオゲラ♂ L 29cm
日本固有種。留鳥として屋久島以北の本州に分布する。平地から山地にかけての林や市街地の公園、屋敷林などで見られる。主に樹皮の隙間や枯れ木の中にいる昆虫を食べる。♪「キョッキョッ, ケレケレ」と鳴く。

アトリ♂ L 16cm
冬鳥として全国に渡来する。平地から山地にかけての林や農耕地で見られる。群れで生活し、数千から数万羽の群れを作ることもある。♪「キョッ」「チュイン」など続けて鳴く。

冬羽
夏羽

ウソ L 16cm
留鳥または冬鳥として九州以北に渡来し、中部地方以北では繁殖する。平地から山地にかけての林で見られる。冬は木の実や芽、花芽などを食べる。♪「フィフィ」と口笛に似た声で鳴く。

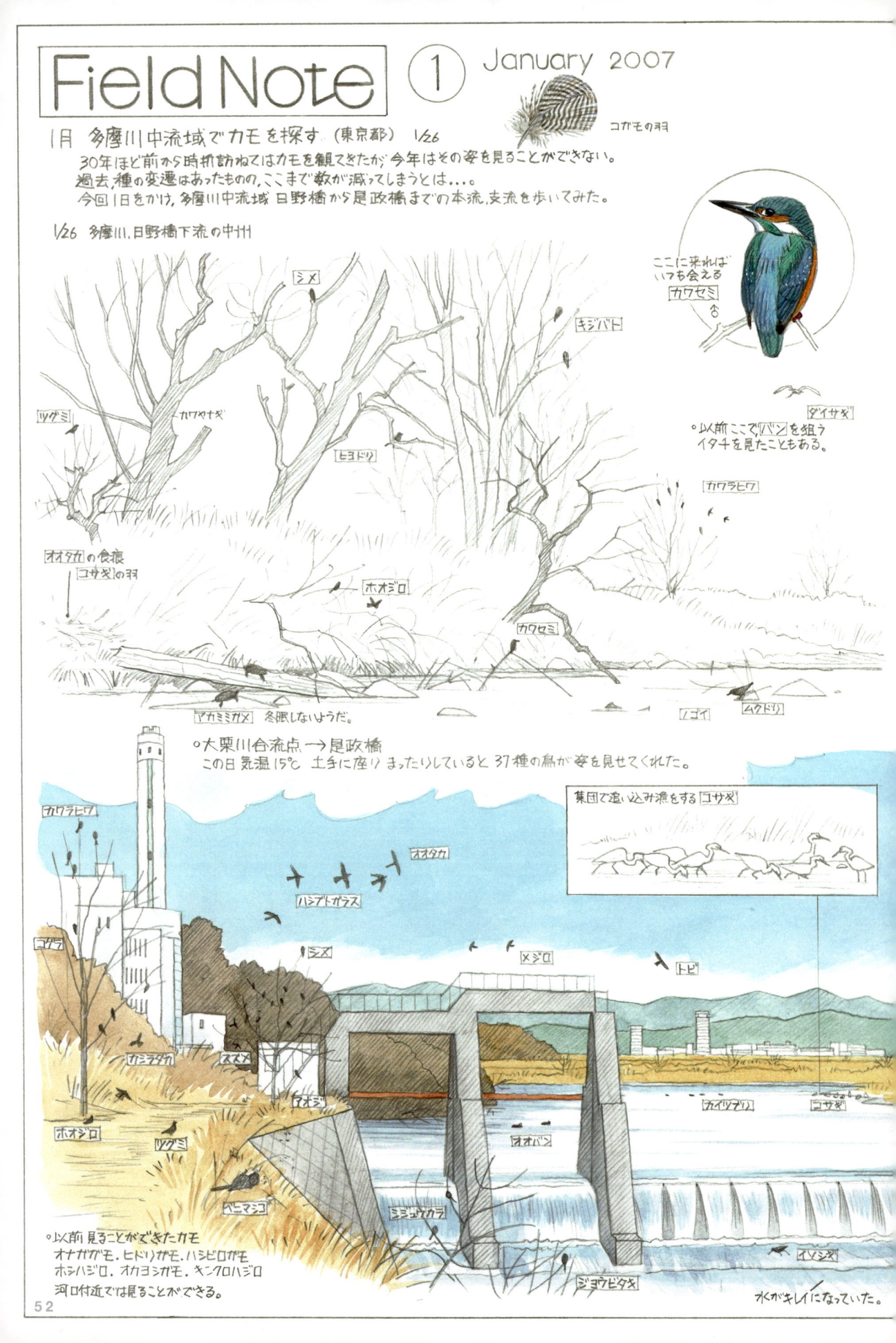

Field Note ① January 2007

コガモの羽

1月 多摩川中流域でカモを探す（東京都） 1/26
　30年ほど前から時折訪ねてはカモを観てきたが、今年はその姿を見ることができない。
　過去、種の変遷はあったものの、ここまで数が減ってしまうとは…。
　今回1日をかけ、多摩川中流域 日野橋から是政橋までの本流、支流を歩いてみた。

1/26 多摩川、日野橋下流の中州

ここに来ればいつも会える
カワセミ

シメ
キジバト
ツグミ
カワヤナギ
ヒヨドリ
ダイサギ
○以前ここでバンを狙うイタチを見たこともある。
カワラヒワ
オオタカの食痕
コサギの羽
ホオジロ
カワセミ
アカミミガメ 冬眠しないようだ。
ゴイ
ムクドリ

○大栗川合流点 → 是政橋
　この日 気温15℃ 土手に座りまったりしていると 37種の鳥が姿を見せてくれた。

集団で追い込み漁をするコサギ

カワラヒワ
オオタカ
ハシブトガラス
コゲラ
シメ
メジロ
トビ
カシラダカ
スズメ
アオジ
カイツブリ
コサギ
ホオジロ
ツグミ
オオバン
ジョウビタキ
ヒワマシコ
ジョウビタキ
イソシギ

○以前 見ることができたカモ
　オナガガモ、ヒドリガモ、ハシビロガモ
　ホシハジロ、オカヨシガモ、キンクロハジロ
　河口付近では見ることができる。

水がキレイになっていた。

○多摩川の支流 浅川
アレチマツヨイグサの群生する河川敷に
たくさんの鳥が群れていた。

オオセグロカモメ
カワラヒワ
シメ
メジロ
スズメ
カシラダカ
(100羽〜)
ツグミ
ホオジロ
ジョウビタキ
アレチマツヨイグサ

ミコアイサ
カモ目 カモ科 冬鳥
L=42cm
あまり鳴かない

アレチマツヨイグサ
の種子 0.5mm
淡い黄色味が
ある。

カシラダカ
♀冬羽か若鳥
図鑑には眉斑は
白か白淡色とあるが

♂
♀

○以前は10羽ほどの
群れを見ることが出来たが
ここ数年は♂が一羽だけ
でやって来る。

ノスリ

ヒメアマツバメ

マガモ
17つがい
コガモ
30羽
カルガモ

○やっと見つけたカモ。
オオタカから身を守る
ためなのか、是政橋
の上流にあるJRの
鉄橋の下に群れて
いた。

チョウゲンボウ
ムクドリ
キジバト
ダイサギ
アオサギ
カワウ
オオセグロカモメ

コガモ ♂

ヒヨドリ

※この冬、暖冬のせいで
カモが太平洋側に
南下せず、多くが
日本海側に留まって
いるとか。

魚道

イカルチドリ
タヒバリ
ハクセキレイ
キセキレイ
カワセミ

53

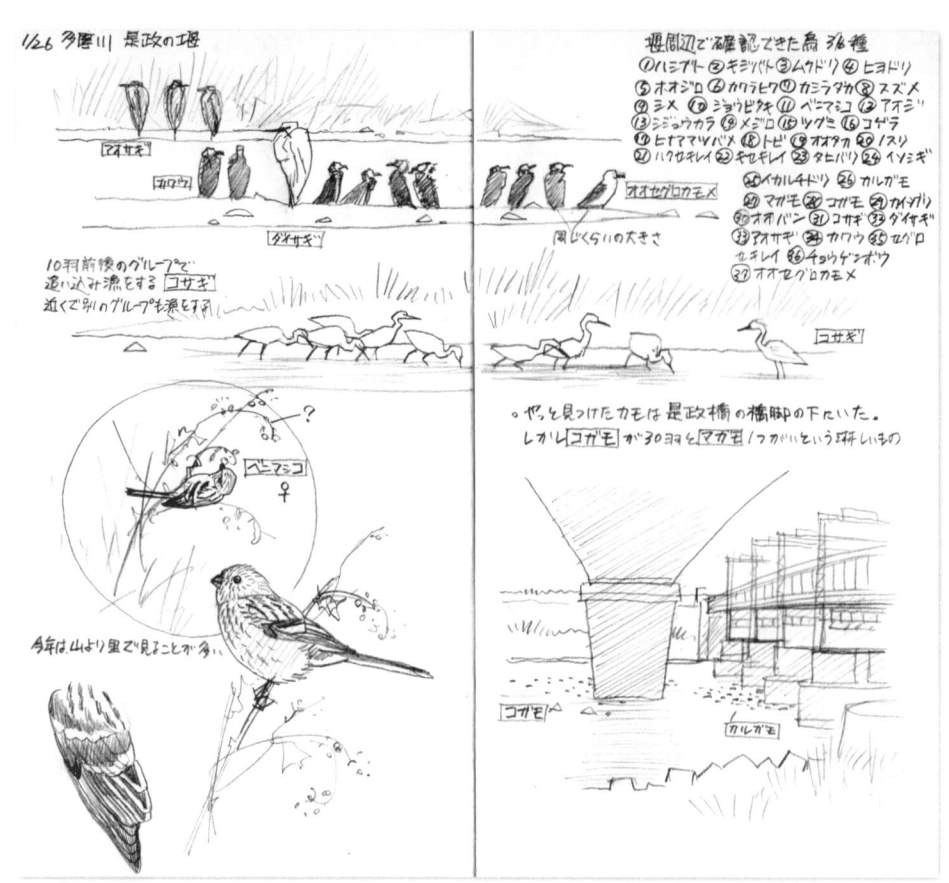

2007年1月26日

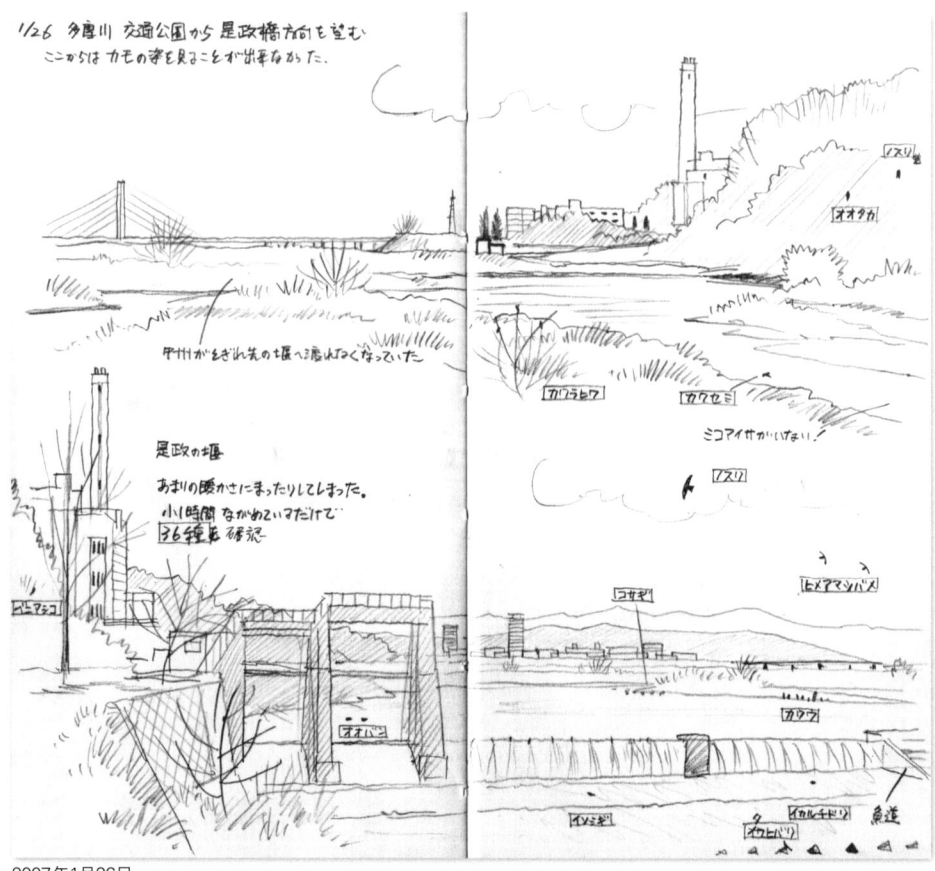

2007年1月26日

冬の河原で見られるカモ

マガモ L 59cm
冬鳥として全国に渡来し, 中部地方以北では繁殖する個体もいる。湖沼, 池, 河川, 内湾, 港などで見られる。♪「グェッ, グェッ」などと鳴く。

オナガガモ L♂ 75cm, ♀ 53cm
冬鳥として全国に渡来する。湖沼や河川, 池, 湿地, 干潟などで見られる。逆立ちをして, 水底の餌を探すことがある。♪「プル, プル」などと鳴く。

コガモ L 38cm
主に冬鳥として全国に渡来し, 少数が本州の高原と北海道で繁殖する。湖沼, 池, 河川, 海岸などで見られる。♪「ピリッ, ピリッ」と鳴く。

ハシビロガモ L♂ 51cm, ♀ 43cm
冬鳥として全国に渡来する。湖沼, 池, 河川, 水田などで見られる。先が大きく広がった扁平なくちばしを水面につけて藻類やプランクトンを食べる。♪「クェッ, クェッ」などと鳴く。

ヒドリガモ L 48cm
主に冬鳥として全国に渡来し, 北海道では春秋に多い。湖沼, 池, 河川, 内湾, 港などで見られる。♪「ピューピュー」とよく通る声で鳴く。

ホシハジロ L♂ 48cm, ♀ 43cm
主に冬鳥として全国に渡来する。湖沼, 池, 河川, 内湾, 港などで見られる。淡水域を好む。♪「キュッ」という声で鳴く。

キンクロハジロ L 44cm
主に冬鳥として全国に渡来する。湖沼, 池, 河川, 内湾, 港などで見られる。潜水して甲殻類や水生昆虫, 水草を食べている。♪「キュッ」という声で鳴く。

カワセミ♀ L 17cm
留鳥として全国に分布する。平地から山地にかけての湖沼, 池, 河川, 海岸などで見られる。空中でホバリングして水の中に飛び込んで魚を捕らえる。♪「ツィー」と鳴く。

オオバン L 39cm
九州以北で繁殖し, 本州以南で越冬する。平地から山地にかけての池や湖沼, 河川などで見られる。地上を歩くこともあるが, 多くは泳ぎ回って採食する。♪「ケッ」「キュイッ」などと鳴く。

55

Field Note ② February 2007

○ カスベ（エイの仲間）の卵殻。 5cm

2月. カモメを観に銚子港へ （千葉県, 銚子市）
銚子漁港は世界に知られるカモメの探鳥地, 珍しいカモメに出会えるチャンスも多い。

○ 銚子駅前の通りをまっすぐ北に向かうと利根川に出る, そこから河口まで続く漁港には無数のカモメ, その数に圧倒されるが, とにかく難しいとされる識別にトライ。しかしあまりの強風に車中からの観察に切り変えたがこれが思わぬことに… 車のすぐ横1mのところを次々と風にあおられたカモメがゆっくりと通り過ぎて行ってくれた。

○ この日観たカモメたち 2/25　　→ 識別のポイント

セグロカモメ L-61cm 第一回冬羽／成鳥冬羽

オオセグロカモメ L-64cm 第一回冬羽／成鳥冬羽

シロカモメ 少ない。第1回冬羽 L-71cm

カモメ L-43cm 第一回冬羽／成鳥冬羽

ウミネコ L-47cm 第一回冬羽／成鳥冬羽

ユリカモメ 少ない。第1回冬羽 L-40cm

Ⓑ 海鹿島, とんび岩周辺

砕けた波頭が強風に飛ばされることを「ウサギが跳ぶ」と言いこんな日は漁師は船を出さないとか。

ミミカイツブリ　カンムリカイツブリ　シノリガモ

Ⓐ 利根川河口付近

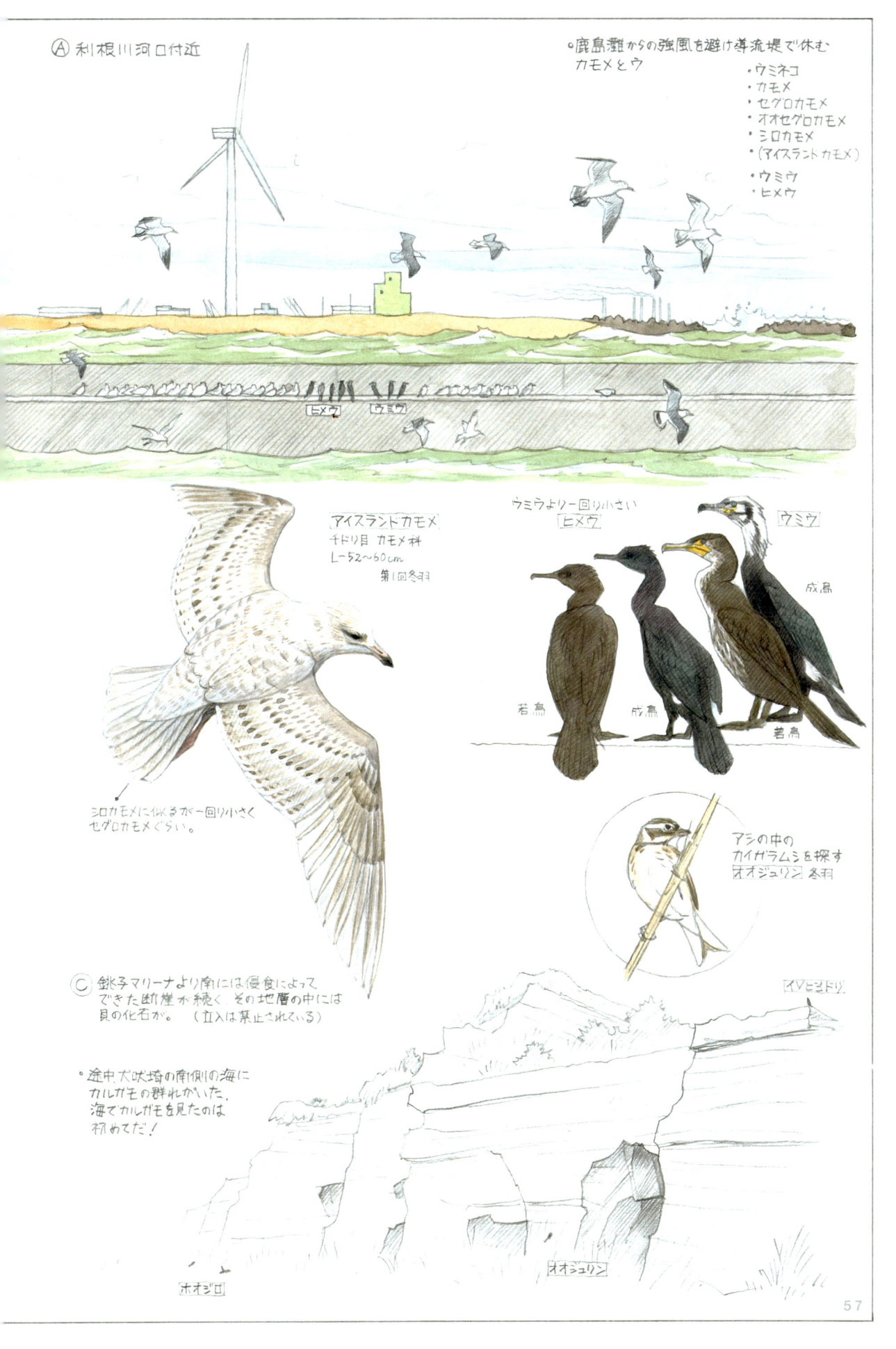

○鹿島灘からの強風を避け導流堤で休む
　カモメとウ

・ウミネコ
・カモメ
・セグロカモメ
・オオセグロカモメ
・シロカモメ
・(アイスランドカモメ)
・ウミウ
・ヒメウ

ヒメウ　ウミウ

アイスランドカモメ
チドリ目 カモメ科
L=52〜60cm
第1回冬羽

シロカモメに似るが一回り小さく
セグロカモメぐらい。

ウミウより一回り小さい
ヒメウ　　　　　　　ウミウ

若鳥　成鳥　成鳥　若鳥

アシの中の
カイガラムシを探す
オオジュリン 冬羽

Ⓒ 銚子マリーナより南には侵食によって
できた断崖が続く。その地層の中には
貝の化石が。（立入は禁止されている）

○途中犬吠埼の南側の海に
カルガモの群れがいた。
海でカルガモを見たのは
初めてだ！

イソヒヨドリ

ホオジロ　　オオジュリン

57

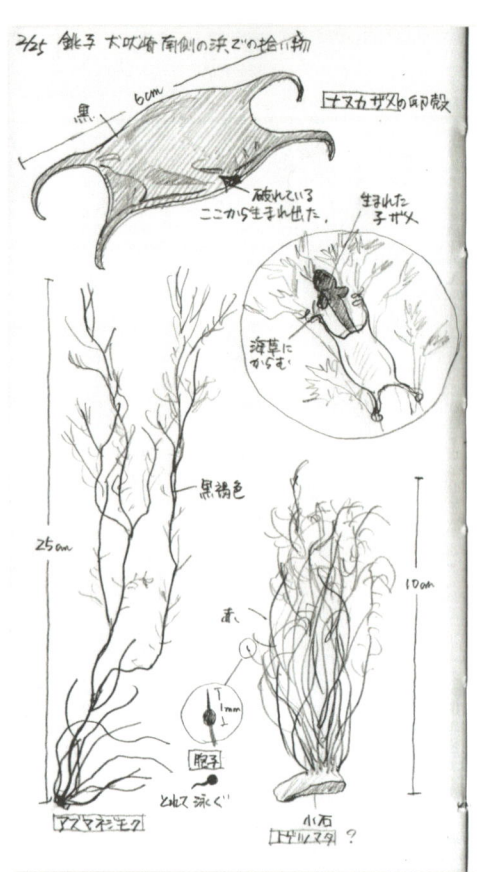

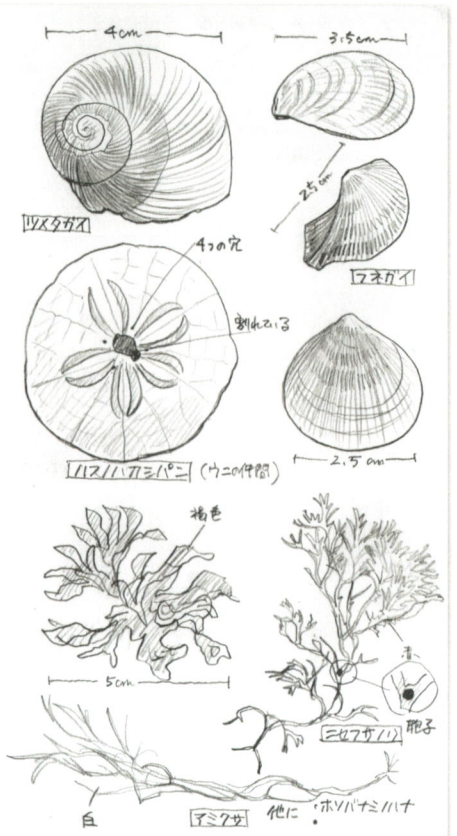

2007年2月25日

冬の海で見られる鳥

ミミカイツブリ L 33cm
冬鳥としてほぼ全国に渡来するが、あまり数は多くない。海岸、河口などで見られる。♪「ピィー」などと鳴くが、ほとんど聞くことはない。

カンムリカイツブリ冬羽(非生殖羽) L 56cm
冬鳥として本州以南に分布し、北海道では夏鳥として繁殖する。内湾、湾、河口、大きな湖沼などで見られる。潜水して主に魚を食べる。♪繁殖期に「アーアー」と鳴く。

シノリガモ L 42cm
冬鳥として中部地方以北に渡来する。東北地方の山間部では少数が繁殖している。海岸や内湾、港に多く、繁殖の時期は渓流で見られる。♪小さな声で「キュッ」と鳴く。

オオジュリン♂ L 16cm
北海道から東北地方では繁殖し、北海道のものは冬に南下する。平地のアシ原や湿原、草原などで見られる。♪普段は「チューイーン」などと鳴き、「チュッ、チュ、チィ、チョ」とさえずる。

ウミネコ L 46cm
留鳥としてほぼ全国に分布する。沿岸や沖合, 河口, 干潟, 内湾, 湖沼, 池, 河川などで見られる。♪「ミャーオ」と猫のような声で鳴く。

カモメ冬羽 L 45cm
冬鳥としてほぼ全国に渡来し, 北海道では春秋に多い。沿岸や沖合, 河口, 干潟, 内湾, 湖沼, 池, 河川などで見られる。♪「キュウ」「カウ」などと鳴く。

セグロカモメ冬羽 L 60cm
冬鳥として全国に渡来する。沿岸や沖合, 内湾, 河口, 港, 干潟, 湖沼, 池, 河川などで見られる。♪「アォッ」「グゥー」などと鳴く。

オオセグロカモメ冬羽 L 61cm
冬鳥として本州以南に渡来する。東北地方北部より北では留鳥。沿岸や沖合, 内湾, 河口, 港, 干潟などで見られる。♪「ガァガァァァ」「ミャー」などと鳴く。

シロカモメ冬羽 L 73cm
冬鳥として中部地方以北に渡来し, それより南では少ない。沿岸や沖合, 内湾, 港, 河口などで見られる。♪「アゥー」「ミャーオ」「キィーュ」などと鳴く。

ユリカモメ冬羽 L 40cm
冬鳥としてほぼ全国に渡来する。沿岸, 内湾, 港, 河口, 干潟, 湖沼, 池, 河川などで見られる。特に公園に来るものは餌付けされている場合が多く, あまり人を恐れない。♪「ギュー」「ガー」などと鳴く。

夏羽　　冬羽

ヒメウ L 73cm
北海道では留鳥で, 他の地域には冬鳥として渡来する。海岸付近の海上で見られる。ウミウとともに岩礁などをねぐらとして密集する。♪「グゥウ」などと鳴く。

ウミウ冬羽 (非生殖羽) L 84cm
留鳥として太平洋側の東北地方北部, 日本海側の九州北部以北に分布し, 他の地域では冬鳥。海岸付近の海上で見られる。多くは群れで生活する。♪「グルルル」と濁った声で鳴く。

P.62〜127には，2004年1月から2006年9月にかけて，里山や公園，湖沼や川，海など，さまざまなフィールドに出かけた記録をまとめてあります。同じ場所に同じ時期に行っても，年によってその状況は変わります。しかし，それが自然観察の楽しさでもあります。フィールドへ出かける際の参考にしてください。また，P.128〜143にはField Noteの元となったフィールドノートの抜粋を掲載しています。他の野鳥や生き物の観察記録も合わせてご覧ください。

Field Note
—— 2004年1月〜2006年3月

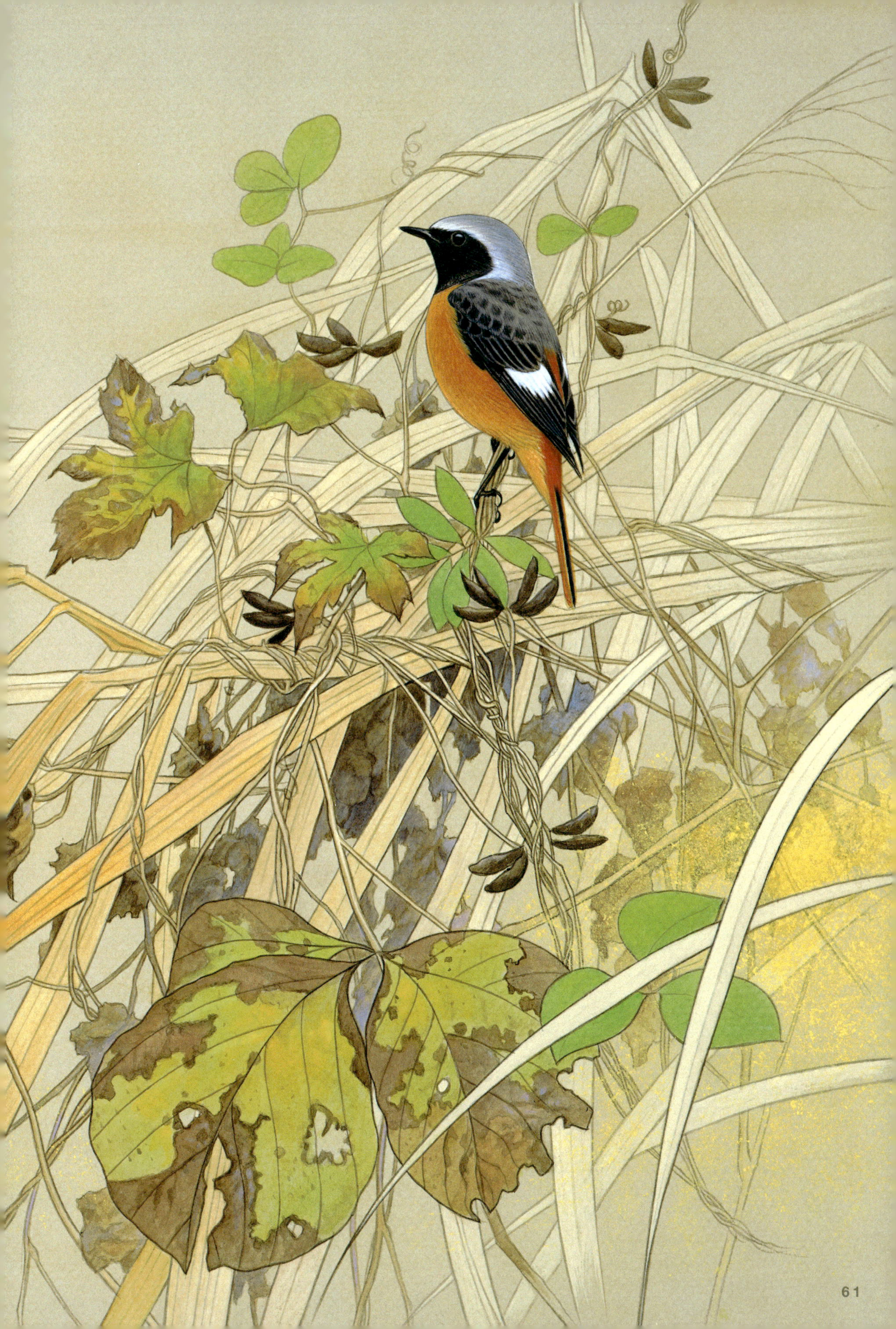

Field note フィールド・ノート 2004/1 NO.1 水谷高英

・1月3日.26日 渡良瀬遊水地
http://www2.tba.t-com.ne.jp/taka/

コチョウゲンボウ
ミサゴ
コミミズク

コチョウゲンボウ ♂
今日はさかんに飛び回っていた

ミサゴ
この日は3羽見ることが出来た。4:30にこの場所に来るとそのまま日没を迎え眠りにつく
かなり白く見える

コミミズク
この日は3:40から4羽が現われてくれた

前もって人為的に立てられた枝が並ぶ

表情を描くのが本当にムズカシイ鳥で今回もウマクイカナイ!!

土手には無数の野ネズミの巣穴があいている 3cm

・大好きなカワアイサ、この日は♂5羽♀2羽 遊水池の方では他にミコアイサも30羽ほど見ることが出来た。

カワアイサ
20日前に見た時
今回はデコチン
頭頂部が平

今回は前頭部や耳羽の部分がかなり、ふくらんでいた。カンムリカイツブリのようなシルエット

スマートで美しいカモ類ではNO.1

ディスプレイ行動が激しく水しぶきをあげて、♀を追っていた

- 多くの猛禽と出会える渡良瀬
日が西に傾くころに至福の時が訪れ、それは
日没まで続き、最後にハイイロチュウヒのねぐら入りで
エンディングをむかえる

ミヤマガラス

3:30 フワフワ フラフラと
200羽がねぐら入り

→ ハイタカ

ノスリ

チュウヒ

コチョウゲンボウ

チュウヒ

全体に白色部の多い個体

若烏弔か

ノスリ

白っぽい美しい個体

ハイイロチュウヒ ♂

スマートに見えても オンナの筋肉質

ほぼ同じ大きさ

ハイイロチュウヒ ♂
今日は 3:30から現れ近いところを
何度も往復してくれ、じっくり観察する
ことが出来た

同行した友人は
オウム(インコ)の
ような顔をしている
と感想をもらった

正面からの
顔はまんまる

- ねぐら入り PM5:00

← チョウゲンボウ

ミサゴ

トビの群れ

ノスリ

ミーア
ミュ

チュウヒ

ガサ ガサ ガサ

いろいろな音や声がする

先にねぐら入りした♀の呼ぶ
声に促され♂が最後に入る

ハイイロチュウヒ ♂

ホオジロ

Fieldnote フィールド.ノート

2004/2 NO.2 水谷高英

・2月 東京都 立川市　都会に住む猛禽たち

http://www2.tba.t-com.ne.jp/taka/

かつて米軍基地があった立川。その跡地は防災基地や公園などへと変ぼうしたが、今尚、広大な開けた環境が残されている。立入規制された場所であるため、実質的な野鳥達の保護区となっている。

Ⓐ チョウゲンボウのネグラになっている立川駅周辺ビル

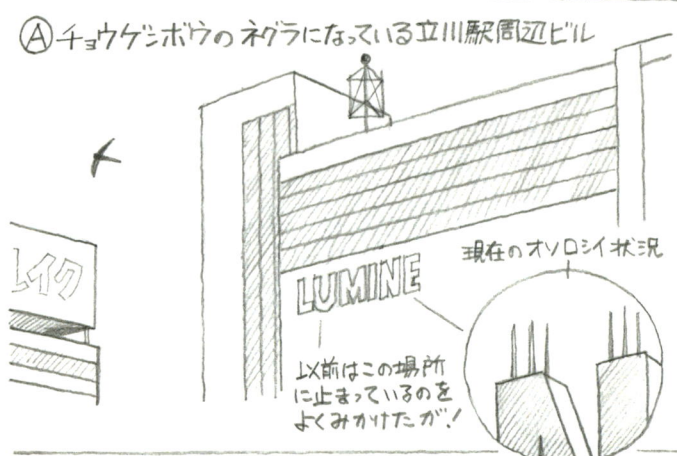

LUMINE

現在のオソロシイ状況

以前はこの場所に止まっているのをよくみかけたが..!

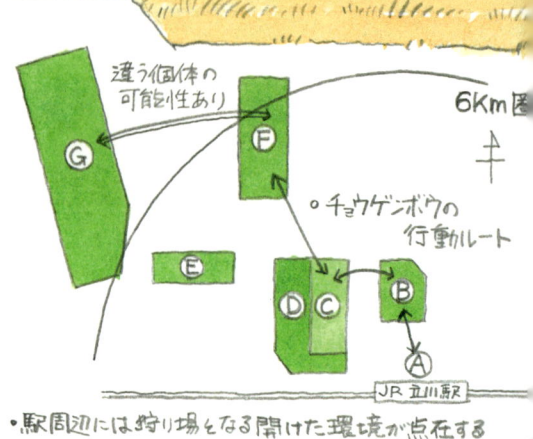

違う個体の可能性あり

6km圏

G　F
　E　D C B
　　　　　Ⓐ
　　　　JR立川駅

・チョウゲンボウの行動ルート

・駅周辺には狩り場となる開けた環境が点在する

Ⓒ 消防庁、自衛隊などが共同使用している防災基地となる飛行場

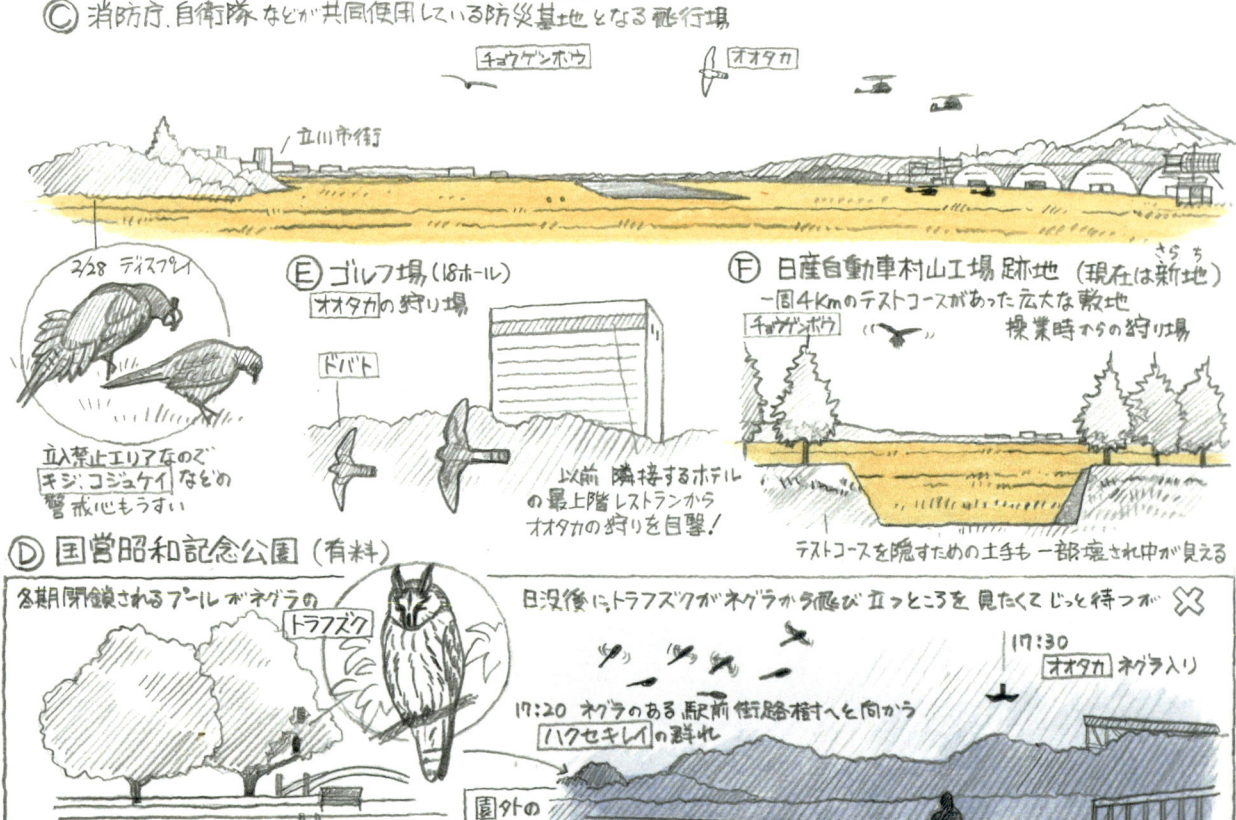

チョウゲンボウ　オオタカ

立川市街

2/28 ディスプレイ

立入禁止エリア内なのでキジ、コジュケイなどの警戒心もうすい

Ⓔ ゴルフ場(18ホール)
オオタカの狩り場
ドバト

Ⓕ 日産自動車村山工場跡地(現在は更地)
一周4kmのテストコースがあった広大な敷地
操業時からの狩り場
チョウゲンボウ

以前、隣接するホテルの最上階レストランからオオタカの狩りを目撃!

テストコースを隠すための土手も一部壊され中が見える

Ⓓ 国営昭和記念公園(有料)

冬期開錠されるプールがネグラの
トラフズク

日没後に、トラフズクがネグラから飛び立つところを見たくてじっと待つが ✗

17:30 オオタカ ネグラ入り

17:20 ネグラのある駅前街路樹へと向かう
ハクセキレイの群れ

園外の歩道橋閉園は 16:30

子供用プールで遊ぶ キンクロハジロ

Ⓑ 立川駅北側開発地（米軍基地跡地）
チョウゲンボウ 8:00 早朝このエリアでよく見かける

ヒバリ
この日は20℃近く気温が上がり、ヒバリのさえずりを聞くことが出来た。

Ⓖ 横田基地　チョウゲンボウの狩り　2/28　14:00
南風 →

チョウゲンボウ ♂
もあしは長く黒い
獲物はヒミズと思われる

♂は尾の太い黒帯が目立つ

風がある時のホバリング
風がない時のホバリング

9/11テロが起きる前の横田基地　　4年ほど前までは数羽のコミミズク、ノスリを見ることが出来た。（たまに オオタカ、ハイタカ）

65

Field note フィールド・ノート

2004/3 NO.3　水谷高英

http://www2.tba.t-com.ne.jp/taka...

・3月 里山に春が来た！ 武蔵野丘陵

ツバメ
谷戸田

●雑木林　○林内の開けた明るい場所

キチョウ
テングチョウ
ミヤマセセリ
ルリタテハ

3/28 この日は20℃近く気温が上がる
白斑 2つ
倒木の上でひなたぼっこ

アオキ

冬ごししたチョウが日だまりを求めて飛び交う

明るい色の帽子を日だまりと思い何度も止まってくれた。

○林道わきに咲く花　3/21
拾った羽根
カケス
トラツグミ

ウグイスカグラ
1.8cm
5cm

シュンラン
7cm
キブシ

シュンランの花

タマノカンアオイ
ギフチョウの食草として知られる
（この里山にギフチョウはいない）
ソウシチョウ が鳴く

モミジイチゴ

北向き斜面に群生するカタクリ

カタクリ
6弁

○谷戸田　2月末からアカガエルの産卵が始まり、3月末には田一面に卵かいが見られた。

ヒキガエル
ヤマアカガエル
ニホンアカガエル

寒天質が透明
卵が１つ１つ独立して見える 不透明

3/28

[オオタカ] [メジロ] [ハシブトガラス]

○里山に住む鳥たちにも春が来た！ ─ ディスプレイ

・オオタカのディスプレイフライト
上空200mぐらい
[ノスリ]
ノスリと絡むと一気に急降下
鳴くこともある
[オオタカ]
尾羽根を上に反らしているのは始めて見た．

ゆったりと4.5回はばたく
営巣木の上空ですることが多い
鳴く時もある

[ノスリ]のディスプレイフライト
2羽がゆったりと施回した後
急に反転して向かい脚を出す
疑似攻撃型ディスプレイ
似ているが前後の行動で判断

オオタカの威嚇飛行
ノスリとオオタカのこの行動は3/31 同じ場所で30分を開けて起きた！
攻撃する方が上になり並行に飛んだ後
営巣木
縄張りに戻る

よく見かける急降下の形

・キジのディスプレイ
縄張りを見張る♂
ケン・ケーン
この時期の肉垂は大きい

縄張りに入って来た♀
♀のまわりを回る
尾を広げて♀に見せる

3/28 春の渡りも始まった！！
[ツバメ] [サシバ] [アマツバメ]
次号で紹介します．

○ヤマシギのディスプレイ 夕暮れの谷戸に鳴き声が響く
チキ・チキン

67

Field note フィールド.ノート

2004/4 NO.4　水谷高英
http://www2.tba.t-com.ne.jp/taka/

・4月 里山を渡る夏鳥たち　武蔵野丘陵

3/31 11:30 [ヤマツバメ] 初見
雲が切れて青空が広がると.

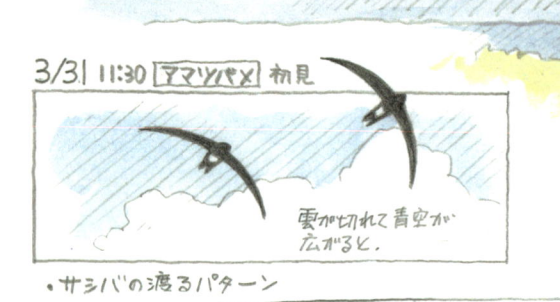

12:00 向かい風の中 [サシバ] 一羽 現われる
かなり近く、羽根が透けて美しい！

今年は4/17日まで断続的に渡ったが、すべて高く、最終的にこの日が一番近く飛んだ日となった。
計 29羽確認

・サシバの渡るパターン
丘陵地の上昇気流を探すタイプ ルートを確認しているのかも？
東北東 つくば方向へ
高く一気に渡るタイプ 経験豊かな成鳥に多いとか (肉眼では見えない高度)

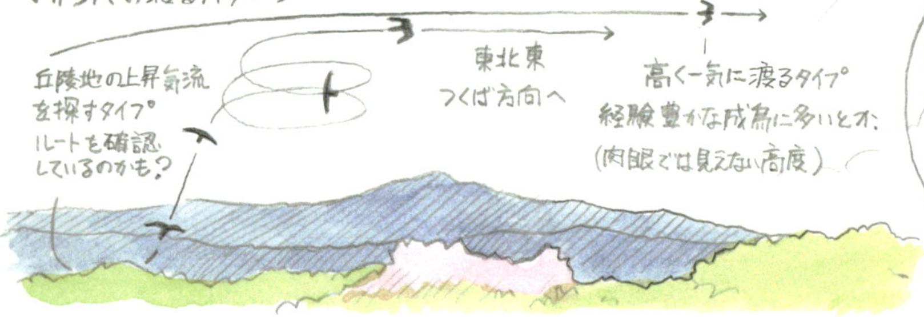

4/2 10:00 風の強い小雨まじりの悪天候の中 [ツバメ] の群れ一気に東へ渡る

4/3 [ヒヨドリ] も帰って来た！
4月の中旬ごろまで 10〜30羽の群れで北へ渡る

○渡りは小休止
4/11 この頃、サシバは小数渡るが、他の夏鳥の渡りまでは少し間が空く、そこで少し視線を変えて見ると、周りではいろいろな事が！

[彩雲] この時期、太陽が天頂に達する11:30前後、太陽の周辺のうす雲にキレイな虹色が現われる。7色の時もあれば、空に火柱が！を思うような 真赤に染まる時もある。

プリズム現象
・大気が不安定なこの時期 お天気雨がクリスタルのようにキラキラ輝いて降り、それはそれで楽しい。

赤↑↓青

○満開の [ヤマザクラ] にみんな集まって来た！
[ヒオドシチョウ ♀] [ヒヨドリ] 今年は多い、小数が4月末も居た。
旅立ちを前に集まり始めた [シメ]

・同じヤマザクラの木で同時にさえずる 3羽ガラ
[ヒガラ] ツピ、ツピ、ツピと早口
[シジュウカラ]
[ヤマガラ] のんびりテンポで鳴く ツーピー ツーピー ツーピー

さえずりのテンポの差がハッキリしてオモシロイ！

サシバ

3/28 サシバ(7羽)、ツバメ(1羽)
この日、今年初の渡りを確認
胸が高鳴る！！

ツバメ

4/17 鳴鳥がやって来た！ 沢の方から コマドリ センダイムシクイ の声
・数日留まって、また旅立って行く。

10:35 クロツグミ♂

4/19 マヒワ の群れ
冬鳥も渡る

キィ・キィ

小群の ツグミ　見かけたのは
この日が最後
4/23

4/23 11:00 昨年に続き今年も会えた。近くを鳴いて飛ぶ
サンショウクイ 東へ　11:20 イワツバメ 北へ

11:30 イカル 北へ

11:35 シメ 2〜3羽の小群で東へ

ヒリリリリ
ヒリリリリ

チキ・チキッ

12:15 林内から美しいさえずりが
カシラダカ　オオルリ
旅立ち前の小声の
さえずりが聞こえる

4/26,29 ツツドリ 東へ
赤色型
昨年の秋の渡りでは
このタイプが多く
見られた

虹彩は橙色

さえずりに コジュケイ の
まねが入る

キビタキ

カッコウのように
フワフワとは飛ばず
低空を速く飛ぶ

4/28 前日の荒天に続き午前中はカミナリも鳴る。
それが晴れると、すごい数の アマツバメ 現る！100羽以上 西へ
・秋の渡りでも、台風の後、アマツバメの大群が現われることが多い。

◎渡りの時は鳴か
ないのか、まだ声を
聞いたことが無い。

4/24 林内の沢に咲く花

ハリオアマツバメ

アマツバメ

ニリンソウ

セリバヒエンソウ
・花がツバメの飛ぶ
姿に似ているため付いた名

フデリンドウ

※今年は特にムシクイが少ないように思う。

Field note フィールド.ノート

2004/5 NO.5 水谷高英
http://www2.tba.t-com.ne.jp/taka/

- 5月12.15日 夏鳥たちの繁殖地 ブナの森を訪ねる
東京都 檜原村 三頭山 (1531m) 都民の森

東京にもブナの森があるのです！毎年ゴールデンウィーク明けに訪ねるのを楽しみにしているのですが、少しづつ悲しい変化が・・・

○沢ぞいの林道に咲く花たち（標高 1000〜1200m）

ハシリドコロ ガク緑色 ←2cm→ 花は終わり 実が付いていた

キジムシロ イエロー ←1cm→

ホウチャクソウ うす緑 葉に包まれた花？ 花 3cm

トラマルハナバチ

ミヤマエンレイソウ

ヤマウツボ 花も終わりに近い 白 7cm ツボミ 白

ミヤマハコベ 白 1cm 花 ガク うすピンク ←3cm→

ユキザサ

オオアカゲラ ドロ.D.D.D.D 沢に響く ドラミング

沢には多くの **ミソサザイ**
Ⓐ 尾を下げ廻しながらさえずるのを初めて見た
Ⓑ 岩かげに巣材を運ぶ コケ
ジ ジ
Ⓒ 巣ごもりが始まっているのか 激しい警戒鳴き

テンのフン 鳥の羽根 カラ類と思われる 骨 サインポストとして林道の目立つ石の上などに残す.

サカハチチョウ 逆さハの字模様. 春型 ♂ まるでベッコウ細工 美しい

サトキマダラヒカゲ ♂ 4cm
ゆるいフン（まだ新しい）から水分やミネラルを取る

○ブナの森
標高1200mあたり
三頭山へ

オオアカゲラ
ドロロロ…
アオバト
コガラ
オオルリ
ヒガラ
ウソ
ゴジュウカラ

ジュウイチ
マミジロ

キバシリ

キビタキ
サンコウチョウ
のように
オイ、オイオイ
を鳴くのもいたが
さえずり後期の
鈴をころがすよう
なフレーズを入れて
鳴くものもいた。

コルリ
コマドリ
の声と一瞬
間違える。
すでに林床
に入っていた

・今年は例年より芽吹き
が早く、すでに沢は新緑
に覆われ、鳥たちの姿を
見る事は出来なかったが、
フルキャストに近い
さえずりを聞くことが出来た。

ミソサザイ
倒木

例年なら この時期
渡り直後の縄張り
争いを見ることが出来るのだが

キビタキ

トビ

○そして コマドリ はいなくなった!!
毎年 数組の繁殖が見られたコケむした
沢のガレ場、昨年カメラマンが立入り、枝打ち
をしたため、昨年に続き今年も姿を
見ることは出来なかった。

標高
900mあたり

センダイムシクイ

入らないで!!
繁殖地につき

ツツドリ

キクイタダキ

ヤブサメ

カワガラス 標高800m 渡って来たばかりの ホトトギス

川虫が羽化する前に子育を始めるカワガラス。
他の鳥にさきがけ すでに忙がしくヒナへエサを運んでいた。

Fieldnote フィールド.ノート

2004/6 NO.6 水谷高英
http://www2.tba.t-com.ne.jp/taka/

- **6月 鎮守の杜のアオバズク**　東京の郊外 三多摩地区

現在この地区で6ヶ所の営巣を確認していますが、すべて住宅地に残る神社、屋敷林、造り酒屋などで御神木として大事に守られている老木です。近年老木の傷みを止めるためウロを塞ぐ処置が増えフクロウの仲間にとってキビシイ状況が…

- **5月中旬　今年も来てくれた！**

  ・渡って来たばかりのこのころ営巣地周辺の住宅地を、縄張りを主張するため、鳴きながら飛ぶ。

- **6月 ♀が巣ごもりに入ると♂は日中、ウロの近くの枝で見張りを続ける**

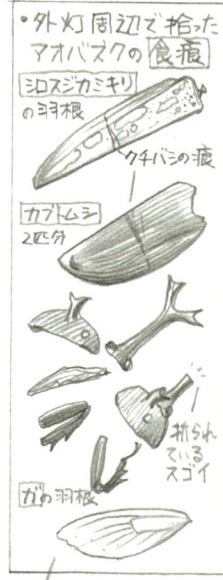

※ この時期アオバズクにストレスを与えないよう双眼鏡の使用は控える

・うす皮まんじゅうのような頭
・シルエットでは、どちらを向いているのか分からない

- **05月下旬　屋敷林のケヤキのウロをめぐるワカケホンセイインコとムクドリの争いを見た。**

ジャージャー
キィーキィー

・外灯周辺で拾ったアオバズクの食痕
  - シロスジカミキリの羽根
  - クチバシの痕
  - カブトムシ 2匹分
  - ガの羽根
  - 折られているスゴイ

神社内は近所のお年寄りが毎朝掃除される場合が多く、AM8:00にはチリひとつ無い..!!

里山の神社
19:00を過ぎ闇に包まれると、ウラ山から駆け降りてくるケモの気配。古代人の「恐れ」を体感する。

- **住宅街の営巣地で繁殖のための最低条件を考察してみる。**

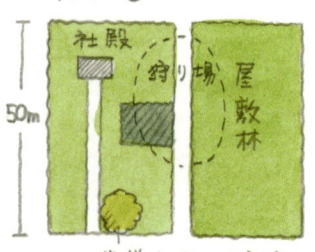

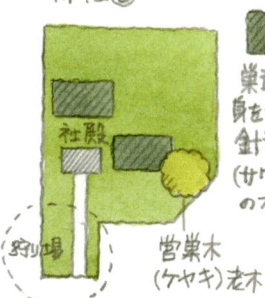

神社A
- 社殿
- 狩り場
- 屋敷林
- 営巣木 (ケヤキ) 老木
- 50m

神社B
- 社殿
- 巣立ち後身をかくす針葉樹 (サワラ) の林
- 狩り場
- 営巣木 (ケヤキ) 老木

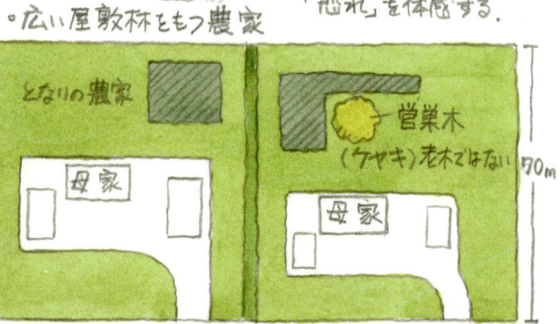

広い屋敷林をもつ農家
- となりの農家
- 母家
- 営巣木 (ケヤキ) 老木ではない
- 母家
- 70m

- 数年前の住宅開発で畑が消えるとこの杜のフクロウの姿も消えた！

ウロのあるケヤキ巨木

里山

・7,8年前まではこの杜でもこのようなカワイイフクロウの幼鳥を観ることが出来たのです。
・最後のヒナは人が介在してダメになったとか…

・7月中旬 ヒナの巣立ち

ここからは 2003年のフィールド・ノートによるものです。

7/29

サワラの木

一家全員の視線がこちらの動きをじっと追う。

ゴマダラカミキリを捕えたアオバズク

・巣立ち一週間後 日中は一家でうす暗い針葉樹の林で過ごす。

ゴマダラカミキリ

19:00 狩りと給餌

・小さな声でホシホシホシと親鳥が鳴くと、ジーッ、ジーッ、ジーッ、と虫のような声で、幼鳥が鳴き返す。

ガを追う親鳥 素早い動き！

ヒナに餌を与える

意外と翼が長いのは 渡り鳥としての特長か

※ 8月の下旬にはこの杜を離れ旅立って行く。

Fieldnote フィールド.ノート　2004/7　NO.7　水谷高英

http://www2.tba.t-com.ne.jp/taka/

- 7月30日〜8月1日　猛暑の東京を逃れ、福島の山と海へ
  裏磐梯、浄土平　→　いわき市　新舞子浜
- 浄土平周辺　オオシラビソ・ダケカンバの森　林道わきの花たち　7/31

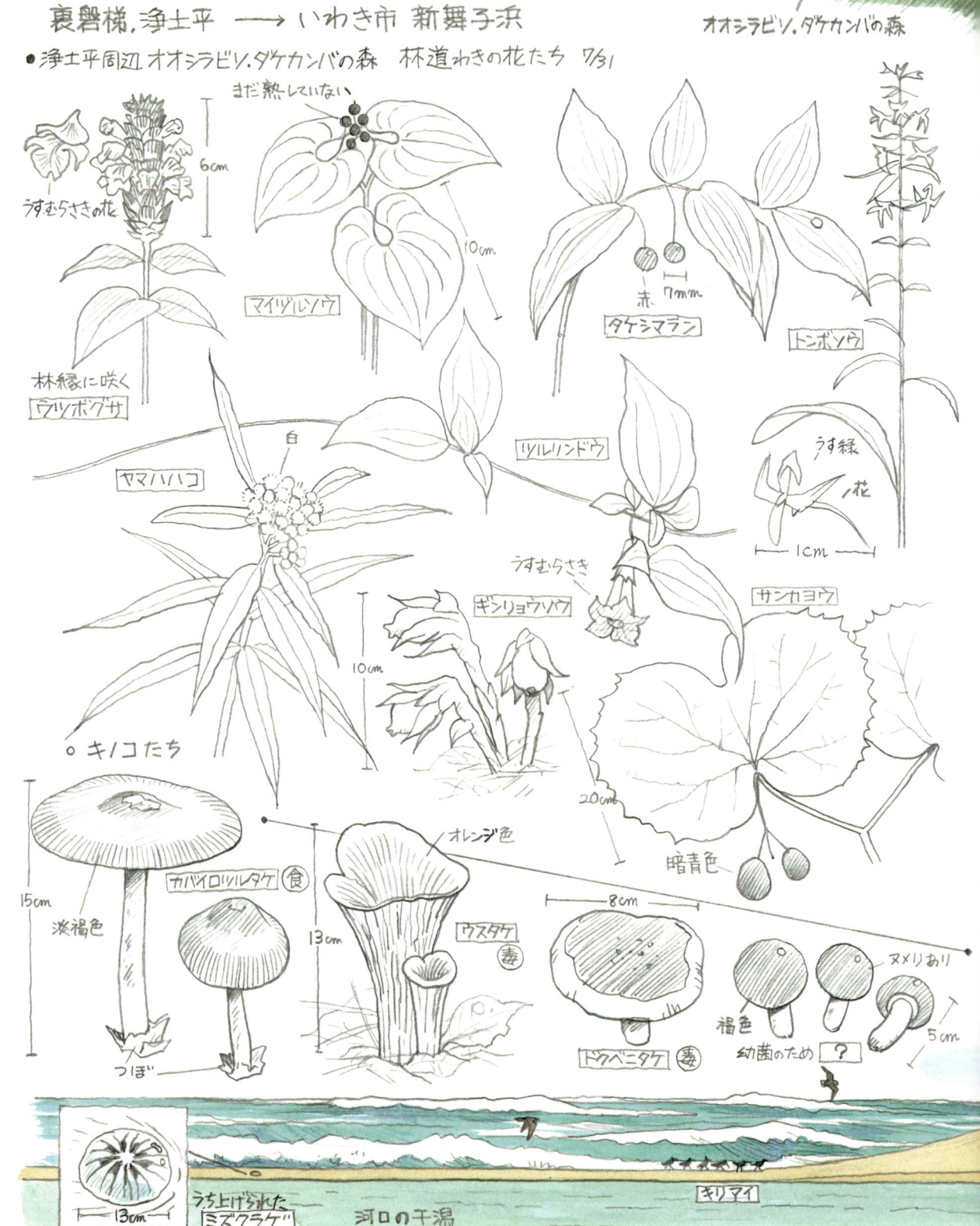

メボソムシクイ
オオシラビソ・ダケカンバの森

うすむらさきの花　6cm
林縁に咲く
ウツボグサ

まだ熟していない
マイヅルソウ　10cm

赤　7mm
タケシマラン

トンボソウ

ヤマハハコ　白　10cm

ツルリンドウ

うすむらさき
ギンリョウソウ

うす緑　花　1cm
サンカヨウ　20cm　暗青色

○ キノコたち

15cm　淡褐色　つぼ

カバイロツルタケ（食）

13cm　オレンジ色
ウスタケ（毒）

8cm
ドクベニタケ（毒）

褐色　幼菌のため　？　ヌメリあり　5cm

うち上げられた
ミズクラゲ　13cm
河口の干潟
キリアイ

東吾妻山 1975m　アマツバメ

イワツバメ　ビンズイ

アキアカネ

オオシラビソの若木

数種のさえずりが聞こえるが姿を見ることはムズカシイ！
ビンズイ、ヒガラ、ウグイス

盛んに鳴き交す　メボソムシクイ

夏の間 高山で過ごす　アキアカネ

ダケカンバの森

メボソムシクイ

沢からは コルリ の声

林道にとび出してきた マミジロ ♀

暗い林内

●8/1 いわき市 新舞子浜　毎年ハヤブサに会いに来るポイント

○ウミネコ
ピンク　白　うす黄緑
全身褐色　ピンク　ピンク　黄緑(黄)
幼羽　第2回冬羽　成鳥冬羽

え？ シロアジサシ ？
真白で初列が長く尾はバチ型(ハト大)

波打ぎわでラインダンス
キアシシギ 冬羽に換羽中
→ 南

オオセグロカモメ

ウミネコ

若鳥　キアシシギ 冬羽に換羽中

75

Field note フィールド.ノート 2004/8 NO.8 水谷高英
http://www2.tba.t-com.ne.jp/taka/

- 8月31日 ツバメのねぐらを探して多摩川を上る（この日台風16号の強風が午前中まで吹き荒れる
猛暑で外出を控えた8月．気がつけば、2回目の子育てを終えたツバメたちの
姿が市街地から消えていた。

多摩川
- 睦橋
- G 秋川　河口から約50km
- 昭和用水堰
- F 拝島橋
- JR八高線
- 多摩大橋
- JR中央線
- 立日橋
- 日野橋
- E 中央高速
- D 浅川
- 府中四谷橋
- C
- B 関戸橋
- A 大栗川　交通公園　河口から約35km

Ⓐ 関戸橋下流　多摩市交通公園．となりの小さな牧場の電線に止まるツバメたち　12:30
- この日は35℃の猛暑　みな口を開けている
- コシアカツバメ 成鳥
- ツバメ 幼鳥
- コシアカツバメ 幼鳥
- 止まるツバメの2割程度に成鳥が混じる　この時期には2度目の子育てを終えた親鳥も群れに加わる．

Ⓑ 前日、台風の強風の中．このエリアに群れずに直接ねぐら入りする50羽ほどのツバメ確認。
（前日の18:30）

Ⓒ 堤防沿いの雑木林に20羽ほどの群れ　13:30
アマツバメ 2羽

Ⓓ 台風の後には何かが起きる！　14:00
- 疲れたようすで下流へ
- 背面淡灰色　少し青っぽく見えた
- 過眼線が目立つ
- つばさ全体
- 白
- エリグロアジサシ

Ⓔ 20年ほど前にこの場所で！　今回は ✗
- 台風から逃れてきた
- アカエリヒレアシシギ
- 50羽ほど
- ♀
- ♂
- 夏羽だったので季節はずれの台風だったのか？

田んぼ

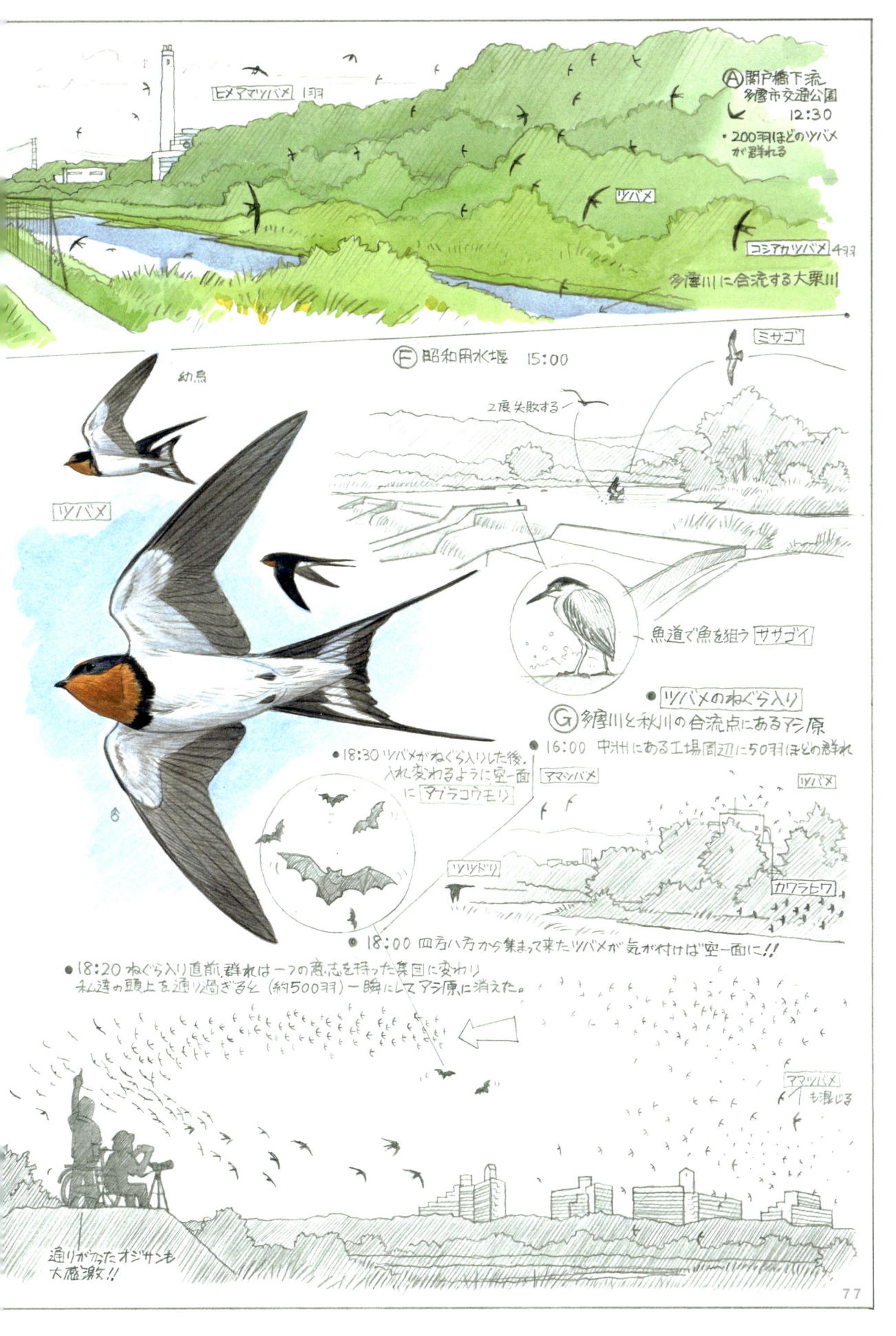

Ⓐ 関戸橋下流
多摩市交通公園
12:30
・200羽ほどのツバメ
が群れる

ヒメアマツバメ 1羽
ツバメ
コシアカツバメ 4羽
多摩川に合流する大栗川

Ⓕ 昭和用水堰 15:00
ミサゴ
2度失敗する

幼鳥
ツバメ

魚道で魚を狙う ササゴイ

・ツバメのねぐら入り
Ⓖ 多摩川と秋川の合流点にあるアシ原
・16:00 中州にある工場周辺に50羽ほどの群れ

・18:30 ツバメがねぐら入りした後、
入れ変わるように空一面
に アブラコウモリ

アマツバメ
ツバメ
ツツドリ
カワラヒワ

・18:00 四方八方から集まって来たツバメが気が付けば空一面に!!

・18:20 ねぐら入り直前、群れは一つの意志を持った集団に変わり
私達の頭上を通り過ぎると (約500羽) 一瞬にしてアシ原に消えた。

アマツバメ
も混じる

通りがかったオジサンも
大感激!!

Fieldnote フィールド.ノート

2004/9 NO.9
水谷高英
http://www2.tba.t-com.ne.jp/taka/

・首都圏上空をタカが渡る。9月9日～10月7日

○関東平野上空を渡るサシバを武蔵野丘陵高台から観察する。

9/9 この日 サシバの渡り 初見。今年も始まった!!
北東の風
11:40 1羽
12:20 3羽

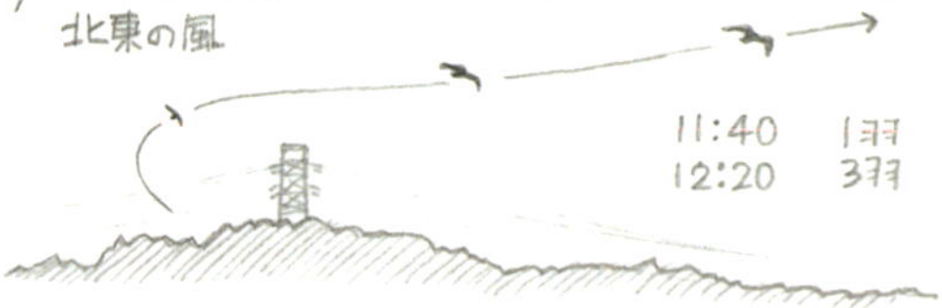

9/12.15.16 北東の風が吹いた。この日だけ、4～7羽のサシバ 渡る。これ以後南風で、高温の日が続き一週間まったく渡らず。
その後 9/27まで秋雨前線が停滞し悪天候が続く。
※ 今年はエゾビタキ以外の夏鳥をまったく見る事が出来なかった。

9/15 エゾビタキ つばさが長い

数年前ここで、アキアカネを捕え丸飲みにするエゾビタキを見た!

9/19 連日南風の暑い日が続く。この日は少し目先を変え、渡って行く先のルートを探すため 陣馬高原へ出かける。

アマツバメ
武蔵野丘陵
山頂 857m
カバマダラ

・サシバは渡らなかったが、炎天下一人で定点観察をされていた方に お話を聞きルートを1つ確認することが出来た。

・山頂で思わぬ珍チョウに出合う!
60～70mm
キレイなオレンジ
カバマダラ
沖縄地方に生息するチョウ 台風に還ば沈されたのか?
マダラチョウ特有のフワフワとした飛び方

10/7 今年最後に単独で渡っていった ハチクマ 幼鳥 淡色型

・関東の渡りルート
黄色い部分が自分で確認出来たルート
● 観察ポイント

山岳地
大岳山 武蔵野丘陵
陣馬山
富士山 箱根
新宿 成田 東京
宇都宮 水戸 つくば いわき
里山が多く残る繁殖地エリア
伊良湖岬

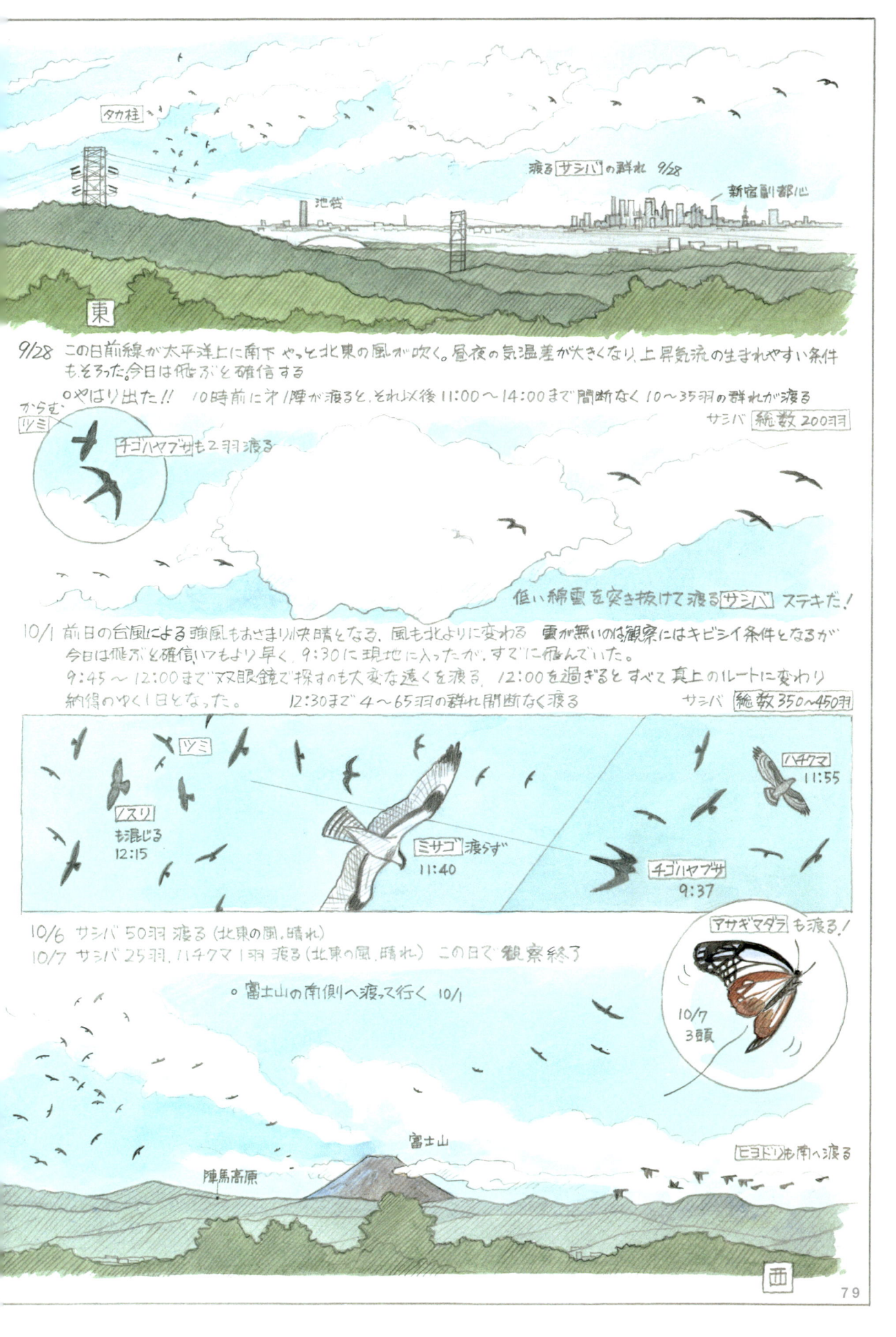

[タカ柱] 渡る[サシバ]の群れ 9/28
[池袋] [新宿副都心]
[東]

9/28 この日前線が太平洋上に南下 やっと北東の風が吹く。昼夜の気温差が大きくなり、上昇気流の生まれやすい条件もそろった。今日は飛ぶと確信する
○やはり出た!! 10時前に第1陣が渡る。それ以後11:00〜14:00まで間断なく10〜35羽の群れが渡る
からむ [ツミ] [サシバ] [総数 200羽]
[チゴハヤブサ]も2羽渡る

低い綿雲を突き抜けて渡る[サシバ] ステキだ!

10/1 前日の台風による強風もおさまり快晴となる。風も北よりに変わる 雲が無いのは観察にはキビシイ条件となるが
今日は飛ぶと確信しいつもより早く、9:30に現地に入ったが、すでに飛んでいた。
9:45〜12:00まで双眼鏡で探すも大変な遠くを渡る。12:00を過ぎるとすべて真上のルートに変わり
納得のゆく1日となった。 12:30まで 4〜65羽の群れ間断なく渡る [サシバ] [総数 350〜450羽]

[ツミ] [ハチクマ] 11:55
[ノスリ]
も混じる
12:15
[ミサゴ] 渡らず
11:40
[チゴハヤブサ]
9:37

10/6 サシバ 50羽 渡る (北東の風、晴れ)
10/7 サシバ 25羽、ハチクマ 1羽 渡る (北東の風、晴れ) この日で観察終了

[アサギマダラ]も渡る!
10/7
3頭

○富士山の南側へ渡って行く 10/1

[ヒヨドリ]也南へ渡る

[陣馬高原] 富士山
[西]

79

Fieldnote フィールド・ノート

2004/10 NO.10
水谷高英
http://www2.tba.t-com.ne.jp/taka/

コシアカツバメ →
オシドリ

・10月 冬鳥の先陣を切ってカモが渡って来た！ 狭山湖 (埼玉県,所沢市)
1週間前に最後のサシバを見送った 丘陵地にある湖. 都民の水瓶となる広大な人工湖

10/15 この日,数は少ないが8種のカモを確認. そこでこの時期ならではのエクリプス.幼羽(オー回冬羽)の
識別にトライしてみた. (資料として BIRDER 1995/5月号, 1999/1月号●, 日本の鳥550(水辺の鳥)●- 文一総合
出版. 黒田長禮著 雁と鴨● 修教社書院. 日本の野鳥● 山と溪谷社.) 引用文には※マーク

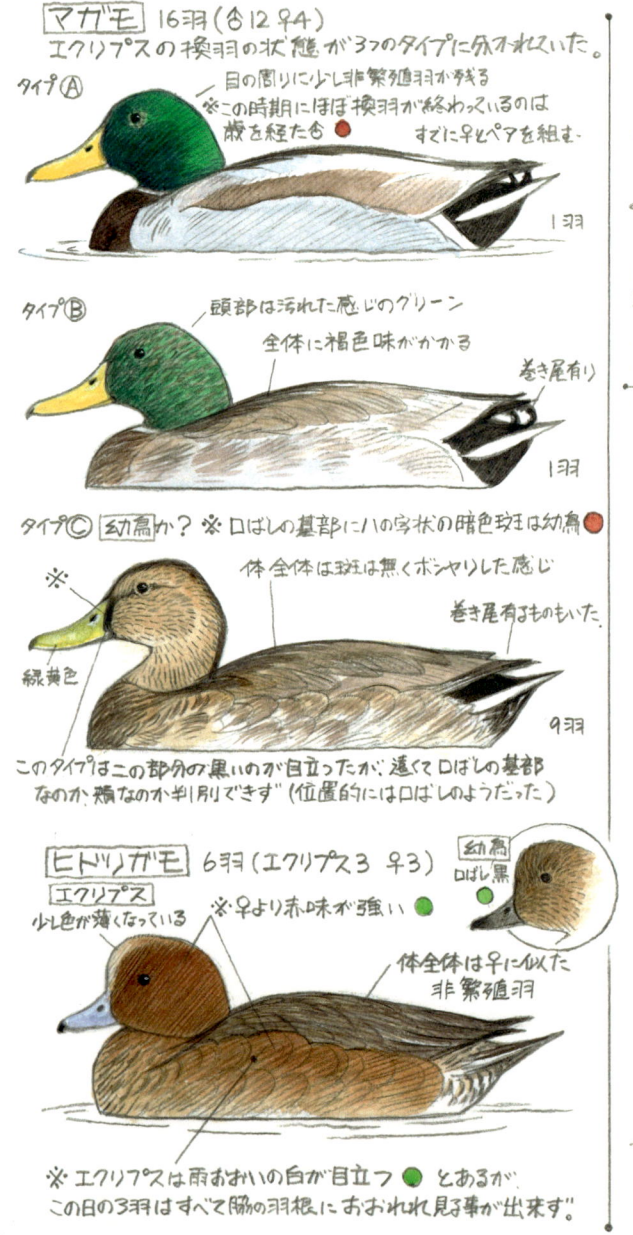

マガモ 16羽 (♂12 ♀4)
エクリプスの換羽の状態が3つのタイプに分かれていた.

タイプⓐ
- 目の周りに少し非繁殖羽が残る
- ※この時期にほぼ換羽が終わっているのは 歳を経た♂● すでに♀とペアを組む.
1羽

タイプⓑ
- 頭部は汚れた感じのグリーン
- 全体に褐色味がかかる
- 巻き尾有り
1羽

タイプⓒ 幼鳥か？ ※口ばしの基部にハの字状の暗色斑は幼鳥●
- 体全体は斑は無くボンヤリした感じ
- 巻き尾有るものもいた
- 緑黄色
9羽
このタイプはニの部分の黒いのが目立ったが 遠くてロばしの基部なのか頬なのか判別できず (位置的にはロばしのようだった)

ヒドリガモ 6羽 (エクリプス3 ♀3)
幼鳥 ロばし黒
エクリプス
- 少し色が薄くなっている
- ♀より赤味が強い
- 体全体は♀に似た 非繁殖羽
※エクリプスは雨おおいの白が目立つ● とあるが
この日の3羽はすべて脇の羽根におおわれ見る事が出来ず

オシドリ 6羽 (繁殖羽(冬羽)) ♂4.エクリプス?1.♀1)
完全な冬羽の♂
灰黒色
斑はれい
1羽
4羽

幼鳥かエクリプス？
どうしてこれほど "ロばしー は赤 差があるのか？"
全体は♀に似る (少し暗色 脇の斑が縞状
※幼鳥は♂夏羽に頬似し暗色なり● ということは幼鳥！
※エクリプスは♀に似るが全体に灰色味が強い●

すでに冬羽(繁殖羽)になっていたカモ
♂11羽 **ホシハジロ** 16羽
♀5羽
○※エクリプスは♀に似るが, 虹彩は赤い.●

オカヨシガモ ♂1羽 マガモ,ホシハジロの群れに混じる
次の日から見かけることはなかったので
中継地として立ち寄ったのだろう.

○※エクリプスは♀に似るが肩羽はのっぺりした感じ●

キンクロハジロ ♂1♀2
スズガモ ♀1羽
少し夏羽が残る
キンクロと一緒に行動をしていた.

オオタカ 10/15
ミサゴ ノスリ
カモ カワウ アオサギ ハシブトガラス

10/15 この日、一番数の多かった コガモ。9月7日に第1陣が渡って来たとか。
しかし、31羽のコガモ 一見したところでは すべて同じ♀のような羽色。この時期まだほとんど換羽が
進んでいない。そこで、たまたま足にトラブルを持った一羽のコガモを近くで観察することが出来た
ので、そのスケッチを元に特徴をピックアップし識別を試みてみました。

コガモ
① 過眼線がハッキリしている
② この部分に♂の繁殖羽
③ くちばし全体が黒
④ 胸の斑は細かい
⑤ 雨おおいがグレーの繁殖羽になっている
⑥ 白帯の幅が広い
⑦ 下尾筒両端の黄白色が目立つ
⑧ 三列風切が長い

この角度からは逆光のせいかムラサキ色に見える
一目が出ている
ケガをしている

①〜⑧までの特徴を検証してみる
① エクリプスは眉斑は不明りょう ● → ♀か幼鳥
② ♂の繁殖羽である以上は → エクリプスか幼鳥
③ ♀のくちばしの基部には黄色味が ● → 〃
④ 胸の斑が細かいのは♀で幼鳥はさらに細かい ● → ♀か幼鳥

⑤ 幼鳥の換羽は雨おおいから ● 2001/1月号 → 幼鳥
⑥ 白帯の幅が広いのは♂ → ♂
⑦ この部分が目立つのは♂ → ♂
⑧ 三列風切羽が長いのは♂ ● → ♂

これらの結果からこの個体は ♂幼鳥 と断定

10/17 湖の一番奥に200羽のカモ(遠い)
種類は不明 翌日には旅立った

今季初見
ユリカモメ
第一回冬羽 くちばしと足はオレンジ色

10/21 カンムリカイツブリ 今季初見
冬羽 1羽 10/22 幼鳥 2羽
冬のピーク時には 200〜300羽が群れる

ハジロカイツブリ 2羽
冬羽

対岸に
ミサゴ

水浴びするハシブトを捕え
水中で息の根が止まるのをじっと待つ オオタカ若鳥

コンニチワ
富士鷹なすび さん
フィールドガ一部共通するため、いつかお会い出来るとは思っていたが、この日初めてお目にかかることとなった。
ヨロシク

Fieldnote

フィールド.ノート

2004/11 NO.11

水谷高英
http://www2.tba.t-com.ne.jp/taka/

・11月29日 東京湾.三番瀬 (船橋海浜公園)

ハジロカイツブリ
ミサゴ
ダイサギ
アオサギ 幼鳥
ダイゼン
ハマシギ、ミユビシギ
タヒバリ

ミサゴ ♂

○ 沖合いには数万羽の スズガモ が浮かぶ
エサとなる貝をこの小さな干潟がいつまでまかなえるのか？

ウミネコ 4羽
ダイシャクシギ 1羽
ダイサギ 2羽
アオサギ 幼鳥 全体が灰褐色 2羽
ハクセキレイ 2羽
ダイゼン 20羽
ミユビシギ ハマシギの群れに混じる
ハマシギ 2000羽
タヒバリ 4羽
シロチドリ 30羽

うち上げられた アオサ 臭い!!

Ⓑ 14:20 潮が満ちてくると ハマシギ、ミヤコドリ は防波堤 (防泥柵)へと移動する。

ハマシギ 2000羽がギッシリ目白押し
セグロカモメ
ミヤコドリ

Ⓒ 防泥柵に囲まれた
このエリアには
オナガガモ
スズガモ
ヒドリガモ
オオバン

オオバンが採った海藻を
横取りするヒドリガモ。ヒドイカモ!!

○集団で飛ぶハマシギの羽音が
心地良い! 2000羽の群れ

ハジロカイツブリ

Ⓐ 12:30 干潮の人工干潟　　　ミサゴ　　　ユリカモメ　　　ウミネコ　　　浦安市

カワウ　　スズガモ　　　　　　　　　　　　　　　　　　　　ダイシャクシギ

ミヤコドリ　　ハマシギ　　シロチドリ

ミヤコドリ
年々数を増やし昨年からは80〜100羽

三番瀬（新浜）
本誌連載 塚本洋三氏「新浜物語」の舞台

宮内庁新浜鴨場　市川市
行徳野鳥公園　いちかわしおはま　船橋市
京葉線　人工干潟　ふたまたしんまち
浦安市　ディズニーランド　江戸川放水路　船橋海浜公園
三番瀬　スズガモのいる浅瀬　Ⓐ Ⓑ Ⓒ 人工干潟
水深1mライン
満潮時 ミヤコドリのいる 防泥柵
東京湾　　　航路　　1km

骨太で筋肉質なのが特徴の美しい鳥。

ピリーン

広範囲にミヤコドリの群れ60羽〜

蜃気楼が出た!!　風も無くおだやかに晴れたこの日、浅瀬の海面温度が一気に上がり現われた。
14:00
対岸のコンビナートの風景も伸びている

沖のスズガモの頭が杭のように長く伸びて見えた。

Field note フィールド・ノート 2004/12 NO.12

水谷高英
http://www2.tba.t-com.ne.jp/taka/

・みちのくの旅① 12月23日 海ガモに会いに福島の海へ
毎年のように訪ねるのですが、かつて一度もバーダーに出会った事がない、ということは超穴場なのか？
今回は特別に詳しく紹介してゆきたいと思います。

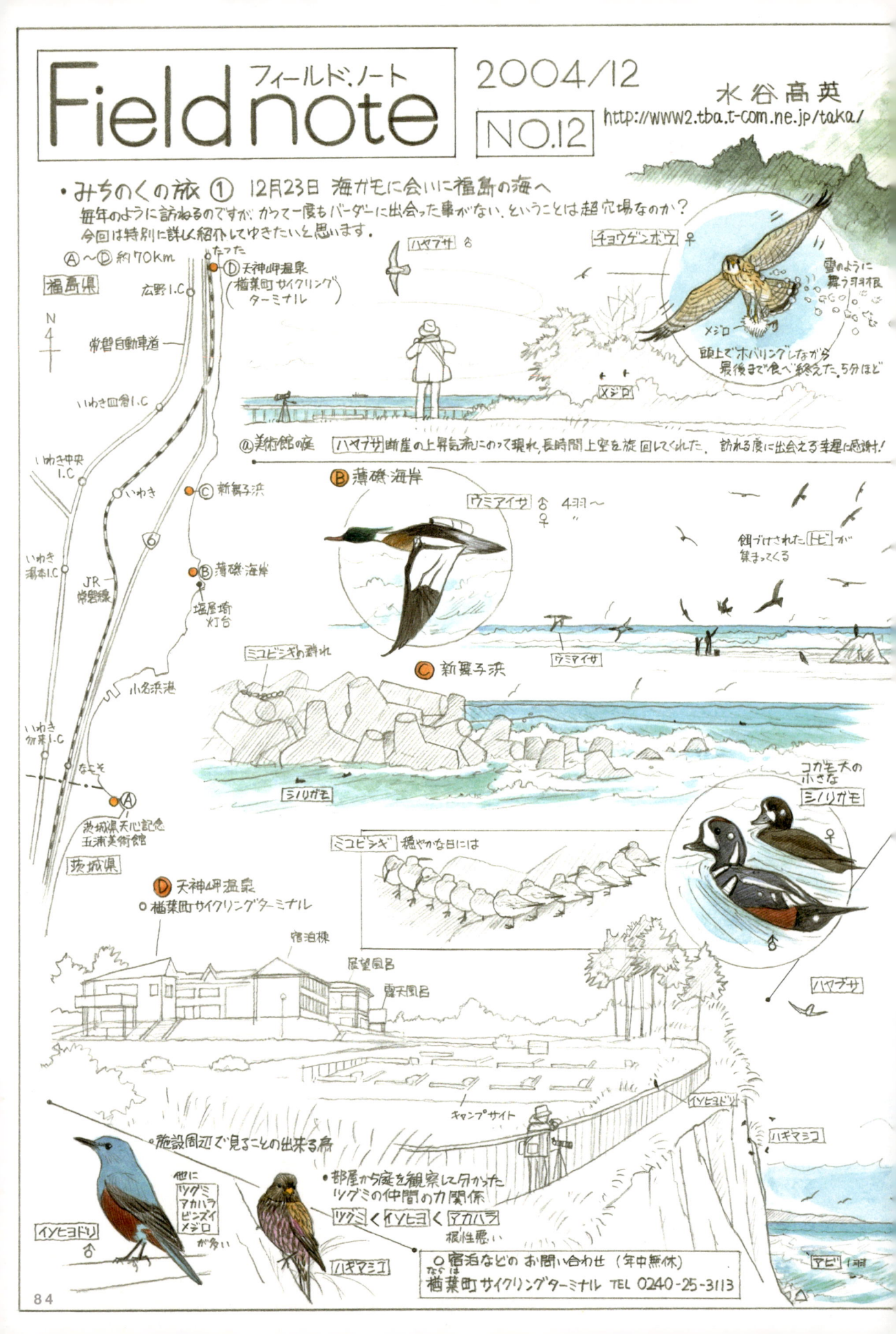

Ⓐ〜Ⓓ 約70km

福島県
広野I.C
常磐自動車道
いわき四倉I.C
いわき中央I.C
いわき
JR常磐線
いわき湯本I.C
小名浜港
いわき勿来I.C
なこそ

Ⓐ 茨城県天心記念五浦美術館
茨城県

Ⓑ 薄磯海岸
塩屋埼灯台

Ⓒ 新舞子浜

Ⓓ 天神岬温泉
○楢葉町サイクリングターミナル

ハヤブサ
チョウゲンボウ ♀
雪のように舞う羽根
メジロ
頭上でホバリングしながら最後まで食べ終えた。5分ほど

ⓐ 美術館の庭　ハヤブサ 断崖の上昇気流にのって現れ、長時間上空を旋回してくれた。訪れる度に出会える幸運に感謝！

Ⓑ 薄磯海岸
ウミアイサ ♂♀ 4羽〜
餌づけされたトビが集まってくる
ウミアイサ

ミユビシギの群れ

Ⓒ 新舞子浜
シノリガモ
コガモ大の小さなシノリガモ ♀
ミユビシギ 穏やかな日には
ハヤブサ

Ⓓ 天神岬温泉
○楢葉町サイクリングターミナル
宿泊棟
展望風呂
露天風呂
キャンプサイト

イソヒヨドリ
ハギマシコ

施設周辺で見ることの出来る鳥
他に ツグミ、アカハラ、ビンズイ、メジロ が多い

イソヒヨドリ ♂
ハギマシコ

・部屋から庭を観察して分かったツグミの仲間の力関係
ツグミ < イソヒヨ < アカハラ 根性悪い

アビ 1羽

○宿泊などのお問い合わせ（年中無休）は
楢葉町サイクリングターミナル TEL 0240-25-3113

Ⓐ 茨城県天心記念五浦美術館

岬の先端に建ち、庭やティールーム
からの眺望はスバラシイ！
（常設展の入館料 ¥180）

ハジロカイツブリの群れ

シノリガモ

ハヤブサ

チョウゲンボウ

小名浜港が
一望できる庭

P 無料
庭へも自由に入れます。

ハジロカイツブリ 50羽の群れ、一斉に潜り 30秒ほどで次々と浮かび上がる

沖にも上空にも無数のカモメ

塩屋埼灯台

ヒドリガモ　ウミアイサ　シノリガモ

カモメ　オオセグロカモメ　ウミネコ　ゴメ

♀

銀色に光る

砕ける波の中にアビの潜る様子が透けて見えた　美しい！

♂

クロガモ

○ 8年前の 12/28　露天風呂で日の出を待っていると、数万のカモメ
が南下して行く。日々の事かと思ったが、以来見ることがない。
（ウミネコか）

1日中　淋しいクロガモの声が小さくひびく。

クロガモ

ピィー　フィー　ピィー　フィー

北面の風を避けて岬の下に集まる
クロガモの群れ

● みちのくの旅は宮城県．伊豆沼へ

Field note フィールドノート

2004/12 NO.13 水谷高英
http://www2.tba.t-com.ne.jp/taka/

・みちのくの旅② 宮城県 伊豆沼 マガンの越冬地を訪ねる '04 12月24日

- マガンのいたエリア（餌場）
- 築館I.Cへ
- 国道55
- 伊豆沼サンクチュアリセンター
- 餌付け場
- Ⓐ 伊豆沼 ←4Km→
- 田んぼ
- 用水路
- 農道
- 新田桟橋
- Ⓒ 餌付け場
- にった
- サンクチュアリセンター
- 東北本線
- 内沼

・餌付け場 おびただしい数の オナガガモ 踏みつけそうになるが逃げる気配もなし

シジュウカラガン 2羽 マガンの群れに混じる

Ⓑ 餌場となっている沼北側の田んぼ
近くに降りた マガン の一家（40m先）
親鳥が若鳥を囲うように警戒している。
遠くには数百羽の群れが点在

Ⓒ 新田桟橋　ネグラ立ちを見るにはよいポイントかも 観察舎あり

オオハクチョウ 沼全体で60羽〜

Ⓓ 沼北側の土手から マガン のネグラ入りを観る
16:05 第1陣が沼の中央部に着水、それに続くように続々と北西方向から大きな群れが帰ってきた！
その数は、あっという間に数百、数千をふくんでゆく。 やがて3万羽近いマガンがネグラ入りする

14:00 Ⓐ 伊豆沼サンクチュアリセンター前　沼のほとりから沼中央部を望む
沼の中央には マガモ 1000羽 カワアイサ 300羽ほどの群れ（かなり遠い）

マガモ　カワアイサ　　　　　オオハクチョウ

ミコアイサ
コガモ

固形！

餌付け場に
散乱する
オオハクチョウ のフン
～5cmぐらい

薄氷がはっている。この日気温3℃〜6℃（日中）

ウチ上げられた

ヒシの実

○子供の頃は塩漬
にしたのをおやつとして
よく食べた.

15:00 この頃になると 遠くの餌場から
次々に群れが帰り 沼北側の田に降りる

・新田の餌付け場
動きがユーモラスな オオバン
見ていてあきることはない.

・浮世絵に描かれた「落雁」

広重画

・各地の餌付け場で オナガガモ と共に オオバン が目立つようになってきた.

○高度を高くとって帰った群れは
一気に落ちて着水する

落雁 これが見たかった！

・切手の図柄で
有名な「月に雁」
子供の頃はこの絵
を上の2点のように
構図上のダイナミズム
を求めて描かれた
もので、落雁という
生態を表現して
いるとは知らな
かった.
※干菓子のラクガン
も「落雁」と書く

Field note フィールドノート

2005/2 NO.14

水谷高英
http://www2.tba.t-com.ne.jp/taka/

2月 故郷 木曽三川下流域 （岐阜県）

○濃尾平野を流れる木曽三川

揖斐川 / 長良川 / 木曽川
岐阜県
水郷地帯
長良川河口堰
立田大橋（河口から12Km）
愛知県
東名阪自動車道
JR
近鉄
かにえI.C / かにえ / かにえ
伊勢湾岸自動車道
弥富野鳥園
やとみI.C
鍋田干拓地
三重県
伊勢湾

・揖斐川堤防には警戒心のうすい **ケリ**と**タゲリ**

ケリ

頭骨の形がタオルゲンコツ頭
タゲリ
子供時代に見た記憶が無い

子供時代の心象風景にはケリ、カイツブリ、オオヨシキリの声がつきもの。

Ⓑ 長良川　河口堰により水位が上がり景観もすっかり変わってしまった。水も黒くにごり、上流も荒れているのだろう おびただしい流木とゴミで人を寄せ付けない川になってしまった。

イワナが見れる伊吹山

オオタカ 若鳥

・禁猟区のこのエリアには **マガモ、カルガモ、コガモ、ハシビロガモ** の群れ

・40年ほど前の長良川　夏休みには都会のイトコも混じり川遊び

アジサシ / **ケリ** / **ケリ**
コサギ

水も川辺の白砂もみんなキレイだった。

ネットでコロニーの拡大を防いでいる
カワウの卵を狙うハシブトガラス
地面には喰べられた卵の殻が散乱
カワウの卵 うすいブルーでニワトリの卵ぐらいの大きさ

カワウ・アオサギのコロニー
アオサギ / **カワウ**
赤い婚姻色
♀

2/12 Ⓒ 弥富野鳥園
アオサギ
シロハラ

カワウの産卵は2月の初旬に始まったとのこと。

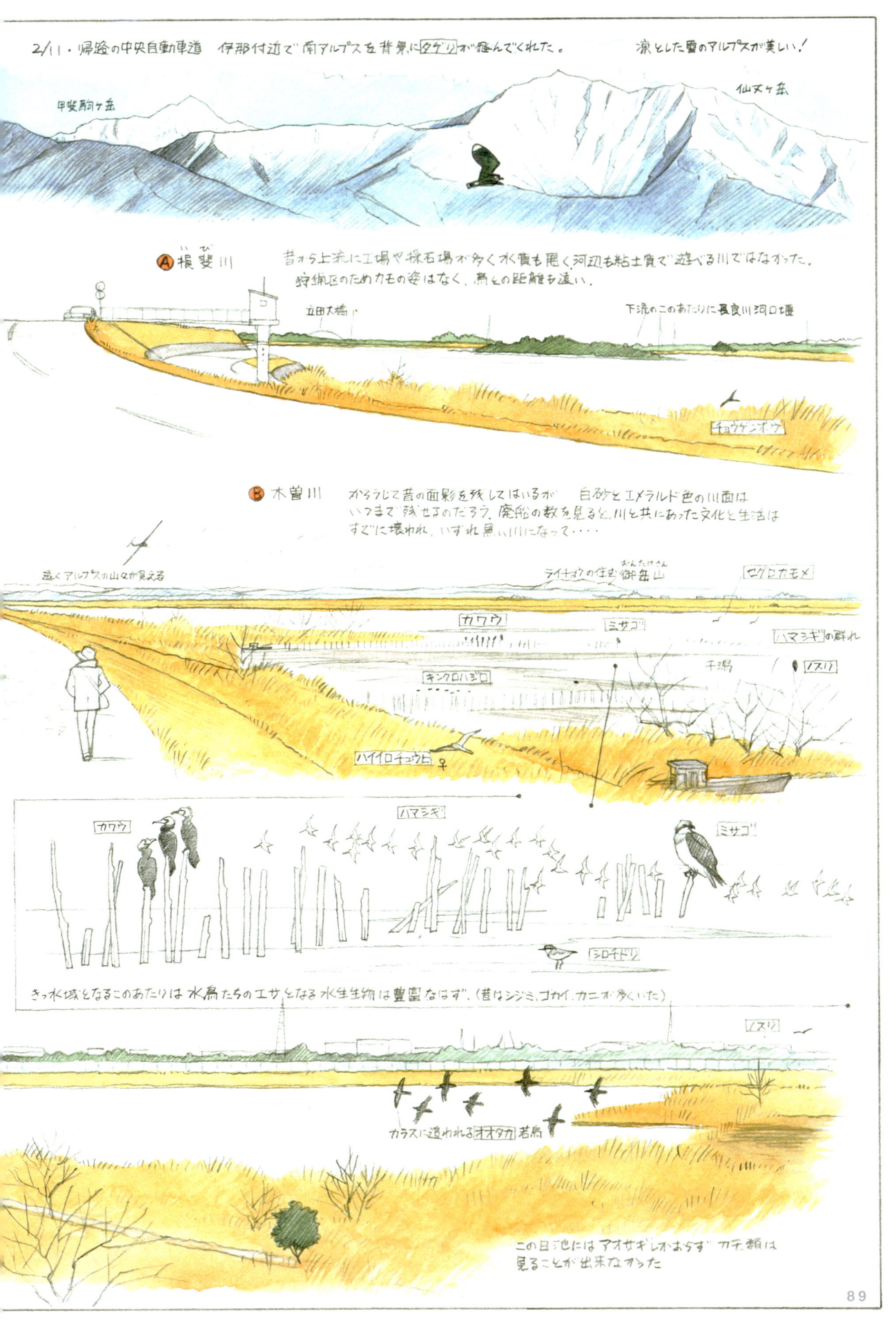

2/11・帰路の中央自動車道 伊那付近で南アルプスを背景に タゲリ が飛んでくれた。　　　　凛とした雪のアルプスが美しい！

甲斐駒ヶ岳　　　　　　　　　　　　　　　　　　　　　　　　　　　　　　　　　　仙丈ヶ岳

Ⓐ 揖斐川　　昔から上流に工場や採石場が多く水質も悪く河辺も粘土質で遊べる川ではなかった。
　　　　　　狩猟区のためカモの姿はなく、鳥との距離も遠い。

立田大橋　　　　　　　　　　　　　　　　下流のこのあたりに長良川河口堰

チョウゲンボウ

Ⓑ 木曽川　　かろうじて昔の面影を残してはいるが　白砂とエメラルド色の川面は
　　　　　　いつまで残せるのだろう。廃船の数を見ると、川と共にあった文化と生活は
　　　　　　すでに壊れ、いずれ鳥い川になって‥‥

遠くアルプスの山々が見える　　　　　ライチョウの住む 御岳山　　　　　セグロカモメ

カワウ　　　　ミサゴ　　　　ハマシギ の群れ

キンクロハジロ　　　　　　　干潟　　　ノスリ

ハイイロチュウヒ ♀

カワウ　　　　ハマシギ　　　　　　　　　　　　　　　　　　　　ミサゴ

シロチドリ

きっ水域となるこのあたりは 水鳥たちのエサとなる水生生物は豊富なはず。(昔はシジミ、ゴカイ、カニが多くいた)

ノスリ

カラスに追われる オオタカ 若鳥

この日 池には アオサギ しかおらず カモ類は
見ることが出来なかった

89

Field note フィールド・ノート No.15

2005/3　水谷高英
http://www2.tba.t-com.ne.jp/taka/

- 1月～3月　タゲリを追って　千葉県

大好きなタゲリをもっと知りたくて、冬と春に越冬地の江戸川、利根川ぞいの田んぼを訪ねました。

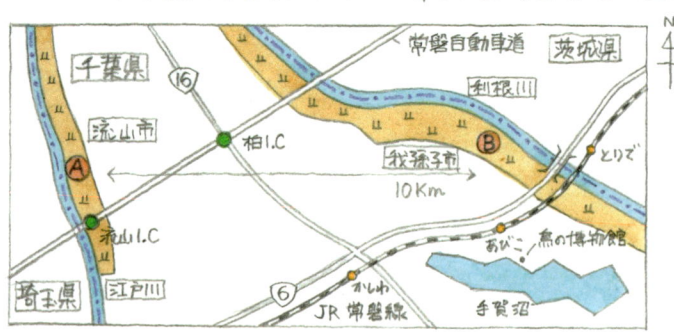

○1月と2月に見たタゲリの冠羽はなぜか皆オバケのQちゃん状態だった！

後ろ姿は虫のようなシルエット

春

3/8 Ⓐ 流山　北へ帰るのが近づいたこの頃、タゲリは群れをつくり始める。ここでは30羽の群れが出来ていた。

ヒバリ 初鳴き この日気温20℃近くに上昇

探すポイント
○ぬかるんだ田にいることが多い
○飛び立つのを待つ
○鮮やかな色の鳥だが意外と見つけにくい（特に逆光の時）

3/8 Ⓑ 我孫子

○思いがけず出会うことが出来た。
コウノトリ

・風上に向くと額の羽根が花のようにフワーッと開く美しい！

・タゲリを見ていたら突然目の前に現れた。近い！デカイ！！

・イジケタ目つき

・エサ場の用水路のサビ色に染まっている

○紀宮さまの婚約発表に合わせるかのように山階鳥研のある我孫子に降り立ち、地元ではチョットした騒ぎとなった。

○バーダーが20m以内に近づくと飛び立ってしまうが、野良仕事中の老夫婦が5mぐらいまで近づいても慌てることはなかった。

○ニャーと一声鳴くと周りの田から50羽ほどのタゲリが一斉に飛び立った

休耕田のヨシ原

ハイイロチュウヒ♀

ニアミスした2羽 やはり大きい！コウノトリ (1.3倍)
アオサギ
コウノトリ
ツグミ
モズ

注：車の農道への乗り入れ、畔（あぜ）への立入りは慎みましょう。

1/4 Ⓐ 流山　10月に渡ってきたときは100羽近い群れだったが、冬のこの時期 田一枚に一羽.と単独でいる
　　　　　　このエリアでは3羽の タゲリ 確認

冬

チョウゲンボウ
タゲリ　ニャー
オジロタカ
タゲリ
ケリ
タゲリ　タシギ

1/4 Ⓑ 我孫子　ここでも田一枚に一羽という間隔は守られていたが、2羽が接近したとたん…

ディスプレイが始まった!!
♂　♀
ホッピング
♀
下尾筒のオレンジ色が美しい
♀が飛び出した後♂は胸で巣穴を掘るポーズでしめくくった。

タゲリ
この頃になると換羽も始まり識別はしやすくなる。
顔の黒色部は個体差で大きい
♂♀の識別ポイント
♂より長い
若鳥も短い
♂
夏羽が混じる
♀(♂冬羽)
白い
○フィールドでの識別は意外とむずかしく慣れがいる(特に冬羽)

飛翔時の♂♀の見分け方
♂　♀
大きな翼でフワフワと飛ぶ
初列風切が太く丸味がある

♀若鳥

・ノスリにモビングをかけるチョウゲンボウのペア

ヒバリ　ピーチク ピーチク ピピピピ

利根川の堤防
キジ ♂

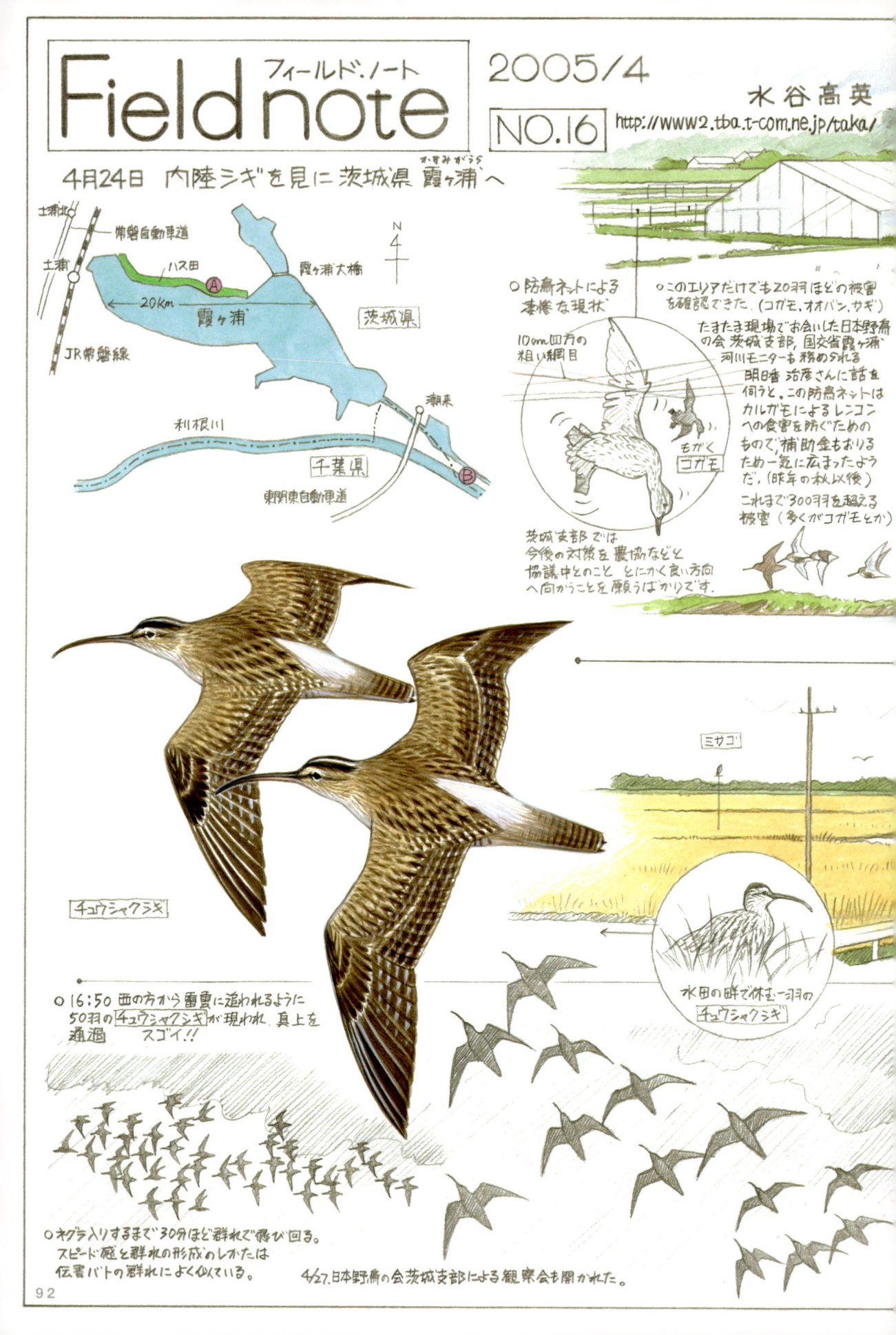

Field note フィールド・ノート

2005/4 NO.16 水谷高英
http://www2.tba.t-com.ne.jp/taka/

4月24日 内陸シギを見に茨城県 霞ヶ浦へ

土浦北 — 常磐自動車道
土浦 — ハス田 Ⓐ 霞ヶ浦大橋
← 20km → 霞ヶ浦 茨城県
JR常磐線
利根川 潮来
千葉県 Ⓑ
東関東自動車道
N↑

○防鳥ネットによる悲惨な現状

10cm四方の粗い網目
もがく
コガモ

○このエリアだけで20羽ほどの被害を確認できた。(コガモ、オオバン、サギ)

たまたま現場でお会いした日本野鳥の会 茨城支部、国交省霞ヶ浦河川モニターも務められる明日香治彦さんに話を伺うと、この防鳥ネットはカルガモによるレンコンへの食害を防ぐためのもので、補助金もおりるため一気に広まったようだ。(昨年の秋以降)

これまで300羽を超える被害(多くがコガモとか)

茨城支部では今後の対策を農協などと協議中とのこと とにかく良い方向へ向かうことを願うばかりです。

[チュウシャクシギ]

[ミサゴ]

水田の畔で休む一羽の
[チュウシャクシギ]

○16:50 西の方から雷雲に追われるように50羽の[チュウシャクシギ]が現われ、真上を通過 スゴイ!!

○ネグラ入りするまで30分ほど群れで飛び回る。スピード感と群れの形成のしかたは伝書バトの群れによく似ている。

4/27、日本野鳥の会茨城支部による観察会も開かれた。

Ⓐ ハス田。驚いた！2年前に訪れた時には全く無かった防鳥ネットが
多くのハス田に張られている。そのためオシギの姿が見つからない。
12:00

コガモ、ハシビロガモ が群れている
オオバン
オオバン
オオバンの群れ
ハス田
霞ヶ浦

○ 2年前に訪れた時には 畔に多くのシギ、チドリが見られた。 '03 4/17

○この日にこのポイントで見ることが出来たのは
オオハシシギ 1羽
タシギ 2羽
イソシギ 1羽

ムナグロ 夏羽 / ツルシギ 30羽 若鳥 / オオハシシギ / エリマキシギ ♂ 夏羽
ハマシギの群れ
エリマキシギ 若鳥 / タシギ

オオハシシギ

○長く続くハス田の中で唯一防鳥ネットの
ないエリアにはハマシギが群れ憩んでいた。
ハマシギ
タシギ が多い

セイタカシギ 1羽

Ⓑ 利根川下流のアシ原。このポイントで チュウシャクシギ のネグラ入りを待つ　15:00〜

多くのサギ
チュウヒ 2羽
利根川
ハイイロチュウヒ ♀

チョチリ チョチリ チョチリ
さかんに鳴く
オオセッカ

○遥かに波崎の風力発電の風車群も見えなかなか良いポイント、アシ原も美しい。

ピーク時には1000羽
が群れると聞いたが？
この日は
16:50　50羽
17:10　4羽
17:30　6羽
17:31　6羽
17:33　50羽
　計116羽
　　確認

○人目につかないアシ原の中の水田がネグラだった。

Field note 2005/5 NO.17

水谷高英
http://www2.tba.t-com.ne.jp/taka/

・5月28日(土) 早朝の奥日光, 戦場ヶ原 (栃木県)

首都圏の公立小学校の子供達のほとんどが修学旅行で訪れる, 超メジャーな観光地。しかし、ハイカーが入る前の早朝の湿原は野性の息吹に満ちた別世界！

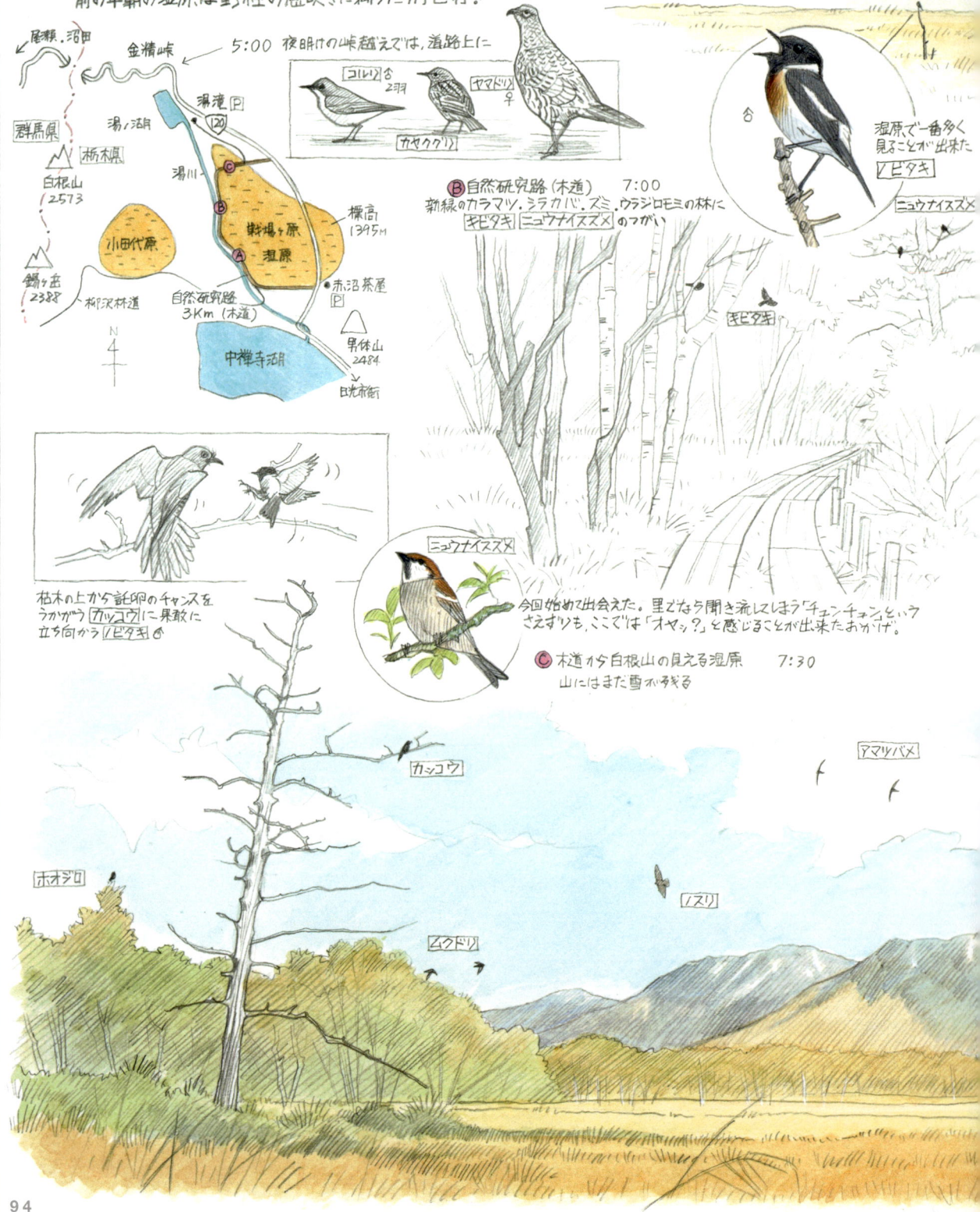

5:00 夜明けの峠越えでは、道路上に
- コルリ♂ 2羽
- ヤマドリ♀
- カヤクグリ

Ⓑ 自然研究路 (木道) 7:00
新緑のカラマツ, シラカバ, ズミ, ウラジロモミの林に
キビタキ ニュウナイスズメ のつがい

湿原で一番多く見ることが出来た
ノビタキ

ニュウナイスズメ

枯木の上から託卵のチャンスをうかがうカッコウに果敢に立ち向かうノビタキ♂

ニュウナイスズメ
今回始めて出会えた。里でなら聞き流してしまうチュンチュンというさえずりも、ここでは「オヤッ?」と感じることが出来たおかげ。

Ⓒ 木道から白根山の見える湿原 7:30
山にはまだ雪が残る

- カッコウ
- アマツバメ
- ホオジロ
- ムクドリ
- ノスリ

地図ラベル:
- 尾瀬沼田
- 金精峠
- 群馬県 / 栃木県
- 白根山 2573
- 湯ノ湖
- 湯滝 P
- 120
- 湯川
- 小田代原
- 戦場ヶ原 湿原
- 標高 1395M
- 鶏ヶ岳 2388
- 柳沢林道
- 自然研究路 3Km (木道)
- 赤沼茶屋 P
- 中禅寺湖
- 男体山 2484
- 日光市街

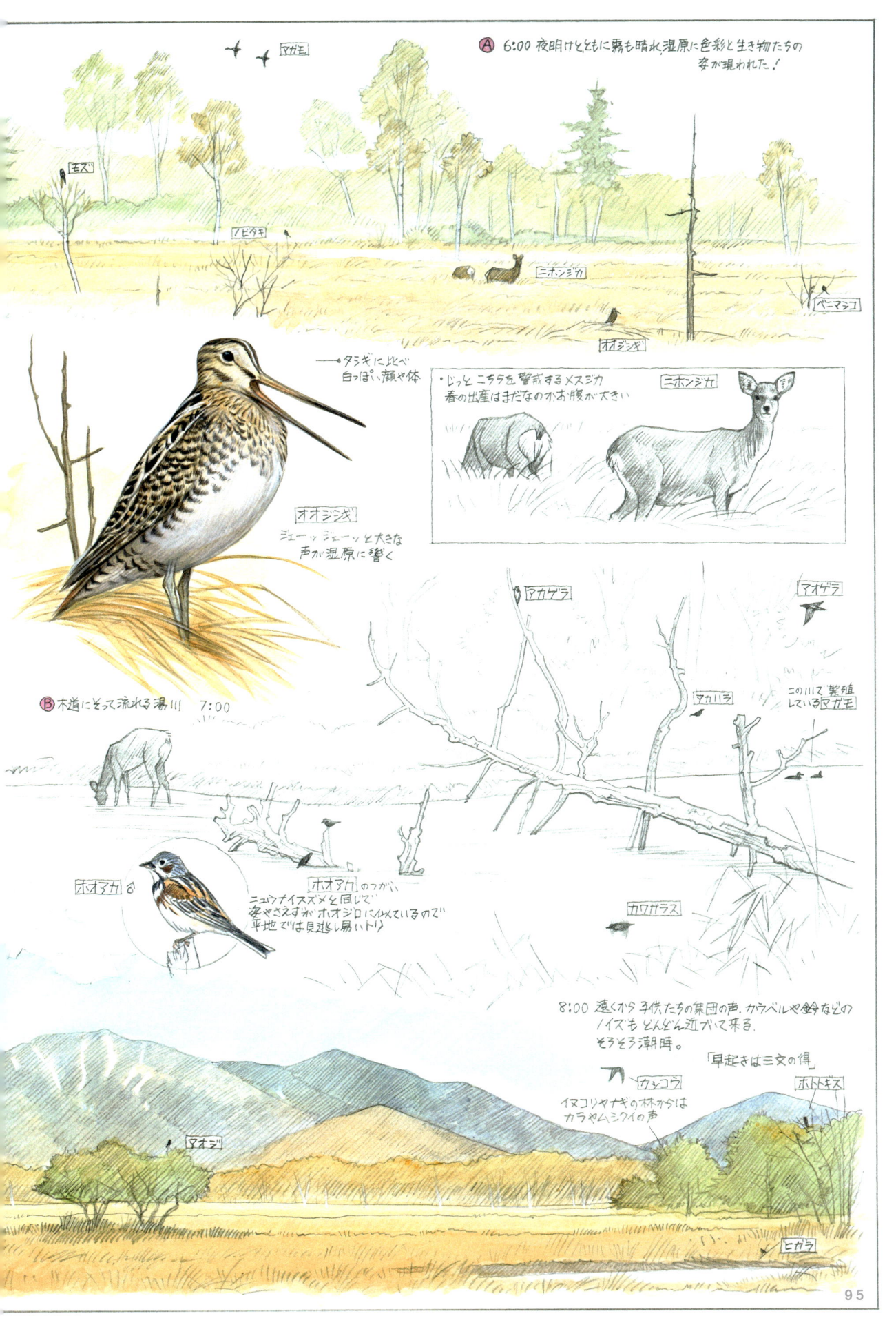

Ⓐ 6:00 夜明けとともに霧も晴れ湿原に色彩と生き物たちの姿が現われた!

マガモ
モズ
ノビタキ
ニホンジカ
ベニマシコ
オオジシギ

→ タシギに比べ白っぽい顔や体

・じっとこちらを警戒するメスジカ
春の出産はまだなのかお腹が大きい
ニホンジカ

オオジシギ
ジェーッジェーッと大きな声が湿原に響く

Ⓑ 木道にそって流れる湯川 7:00

アカゲラ
アオゲラ
アカハラ
この川で繁殖しているマガモ

ホオアカ
ホオアカのつがい
ニュウナイスズメを感じて姿やさえずりホオジロに似ているので平地では見逃し易いトリ
カワガラス

8:00 遠くから子供たちの集団の声、カウベルや鈴などのノイズもどんどん近づいて来る。
そろそろ潮時。
「早起きは三文の得」

カッコウ
ホトトギス
イヌコリヤナギの林の方はカラやムシクイの声
アオジ
ヒガラ

95

Field note フィールド・ノート

2005/6 NO.18　水谷高英
http://www2.tba.t-com.ne.jp/taka/

6月12日(日) 亜高山帯の鳥を見に富士山へ （山梨県）

前日の梅雨入り宣言が嘘のように晴れ上ったこの日、5:00に東京・立川市の自宅を出発。中央高速で1時間半、そこはもう森林限界地点に近い富士山五合目。（標高2305m）

○五合目展望台から見た全景
山頂はここからは見えない

アサギマダラ

[地図]
河口I.C
富士吉田I.C
東富士五湖道路
山中湖I.C
料金所 F
樹海台駐車場 一合目1405m
三合目 E 1786m 二合目1596m
御庭自然公園 C
五合目 A 2305m
B 御庭
D 四合目2020m
大沢駐車場展望台
富士山 3776
富士スバルライン 28km
普通車 2000円
マイカー 7月末〜8月通行規制

ハイマツのようなカラマツ

アマツバメ

アサギマダラ
この日3頭が上昇気流に乗って飛来していた

カラマツ

タケカンバ

A 五合目 周辺
周囲のカラマツ、シラビソ、林から メボソムシクイ ルリビタキ の大合唱
ビンズイ ヤマクグリ の声も時折聞こえてくる

ホシガラス
A 五合目 P 2300m

ジュリジュリジュリ ジュリ
メボソムシクイ

雌花

忙がしく動き廻る メボソムシクイ

シラビソの林に
ヒオドシチョウ

ホシガラス
カラマツ

B 御庭自然観察路
溶岩砂レキの斜面にまばらにカラマツが立つ

ルリビタキ

雌花
コメツガ

フジハタザオ

ビンズイ

イワヒバリ
ピリュリュ ピリュリュ

砂レキ

イワヒバリ

コケモモ

富士山特産種

◎ 氷河期の後に生まれた富士山。そのため日本一高い山でありながら、氷河期の生き残りといわれるライチョウや高山植物は見られない。

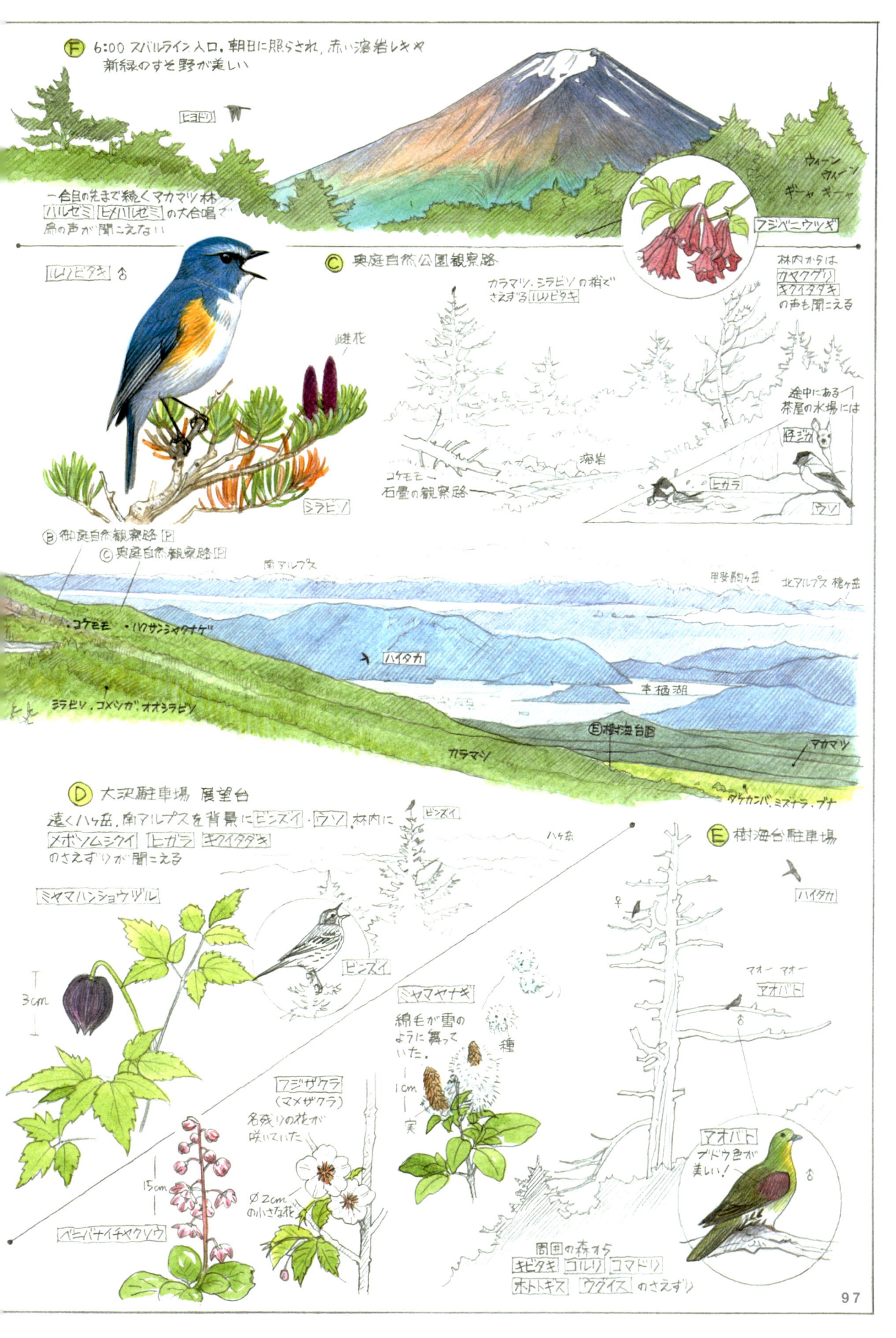

Ⓕ 6:00 スバルライン入口。朝日に照らされ、赤い溶岩レキや新緑のすそ野が美しい

ヒヨドリ

一合目の先まで続くアカマツ林
ハルゼミ・ヒメハルゼミの大合唱で鳥の声が聞こえない

ウィーンマイーンギャーギャー

フジベニウツギ

ルリビタキ ♂

Ⓒ 奥庭自然公園観察路

カラマツ・シラビソの梢でさえずるルリビタキ

林内からは
カヤクグリ
キクイタダキ
の声も聞こえる

雌花

途中にある茶屋の水場には

シラビソ

コケモモ
石畳の観察路

ヒガラ
ウソ

Ⓑ 御庭自然観察路 P
Ⓒ 奥庭自然観察路 P

南アルプス
甲斐駒ヶ岳 北アルプス 槍ヶ岳

コケモモ・ハクサンシャクナゲ

ハイタカ

本栖湖

シラビソ・コメツガ・オオシラビソ

カラマツ

Ⓔ 樹海台 P

アカマツ

ダケカンバ・ミズナラ・ブナ

Ⓓ 大沢駐車場 展望台
遠く八ヶ岳、南アルプスを背景にビンズイ・ウソ 林内に
メボソムシクイ ヒガラ キクイタダキ
のさえずりが聞こえる

ビンズイ

八ヶ岳

Ⓔ 樹海台駐車場

ミヤマハンショウヅル

3cm

ビンズイ

ミヤマヤナギ
綿毛が雪のように舞っていた

種

マオーマオー
アオバト

1cm
実

フジザクラ
(マメザクラ)
名残りの花が咲いていた

15cm

アオバト
ブドウ色が美しい！ ♂

ベニバナイチヤクソウ

Ø2cmの小さな花

周囲の森から
キビタキ コルリ コマドリ
ホトトギス ウグイス のさえずり

97

Field note フィールド・ノート

2005/7 NO.19 水谷高英
http://www2.tba.t-com.ne.jp/taka/

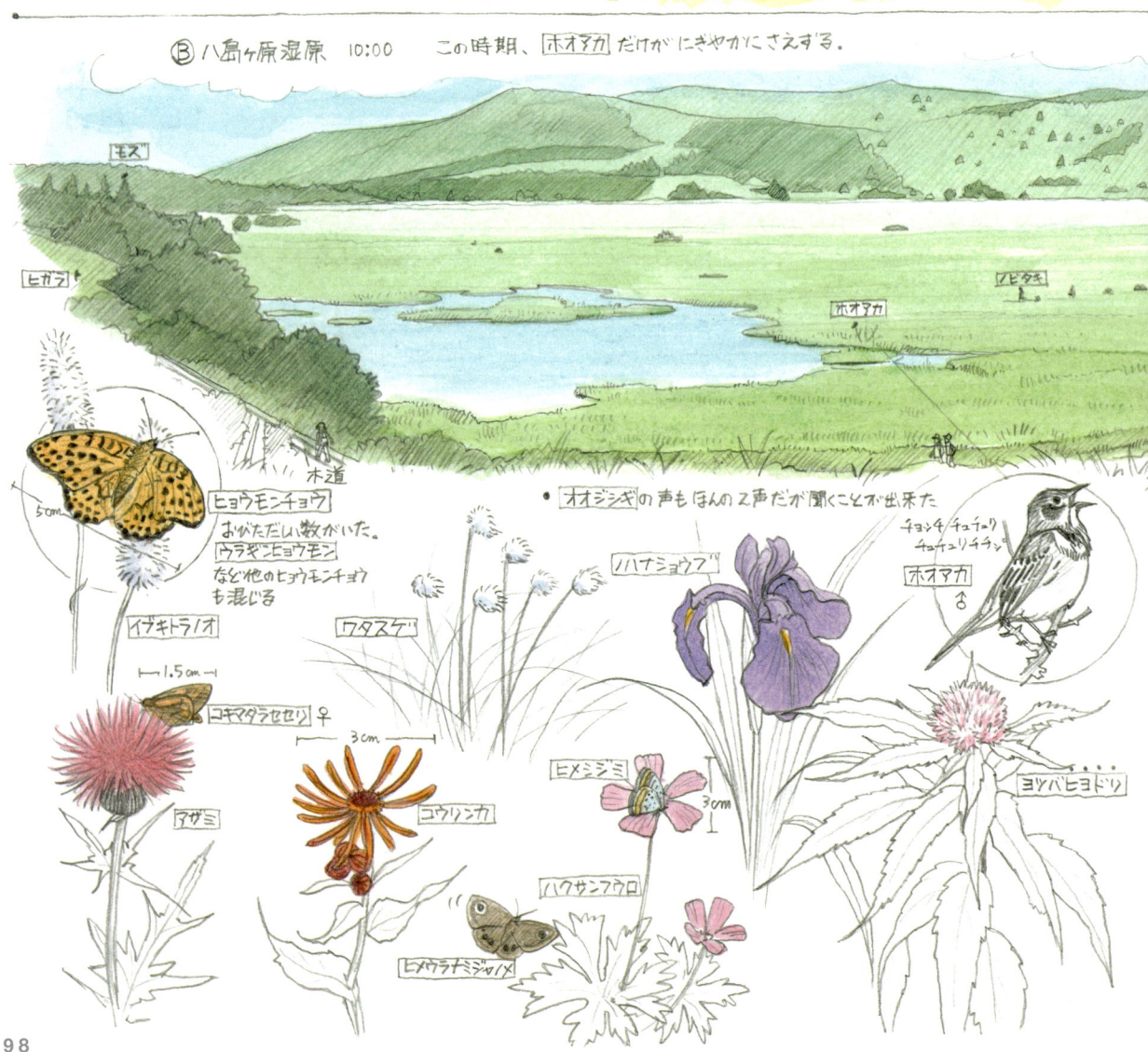

・7月17日(日) 梅雨明けの 霧ヶ峰高原（長野県）

・草原がニッコウキスゲの黄色に染まるこのころ、さまざまな野鳥、野草、チョウが楽しめる。天候が良ければ車山から北アルプス、中央アルプス、南アルプス、富士山、八ヶ岳と360°の大パノラマ！

Ⓐ 霧ヶ峰 7:30
車山高原 / 蓼科山 / アマツバメ / ノスリ / ビンズイ / ギボウシ

Ⓑ 八島ヶ原湿原 10:00　この時期、ホオアカ だけがにぎやかにさえずる。
モズ / ヒガラ / 木道 / ノビタキ / ホオアカ

・オオジシギの声もほんの2声だが聞くことが出来た
チョシチュチュリ チョチュリチチン
ホオアカ

ヒョウモンチョウ（5cm）— おびただしい数がいた。ウラギンヒョウモンなど他のヒョウモンチョウも混じる
イブキトラノオ / ウタスゲ / ノハナショウブ
コキマダラセセリ ♀（1.5cm）
アザミ / コウリンカ（3cm） / ヒメシジミ / ハクサンフウロ / ヒメウラナミジャノメ / ヨツバヒヨドリ

霧ヶ峰高原

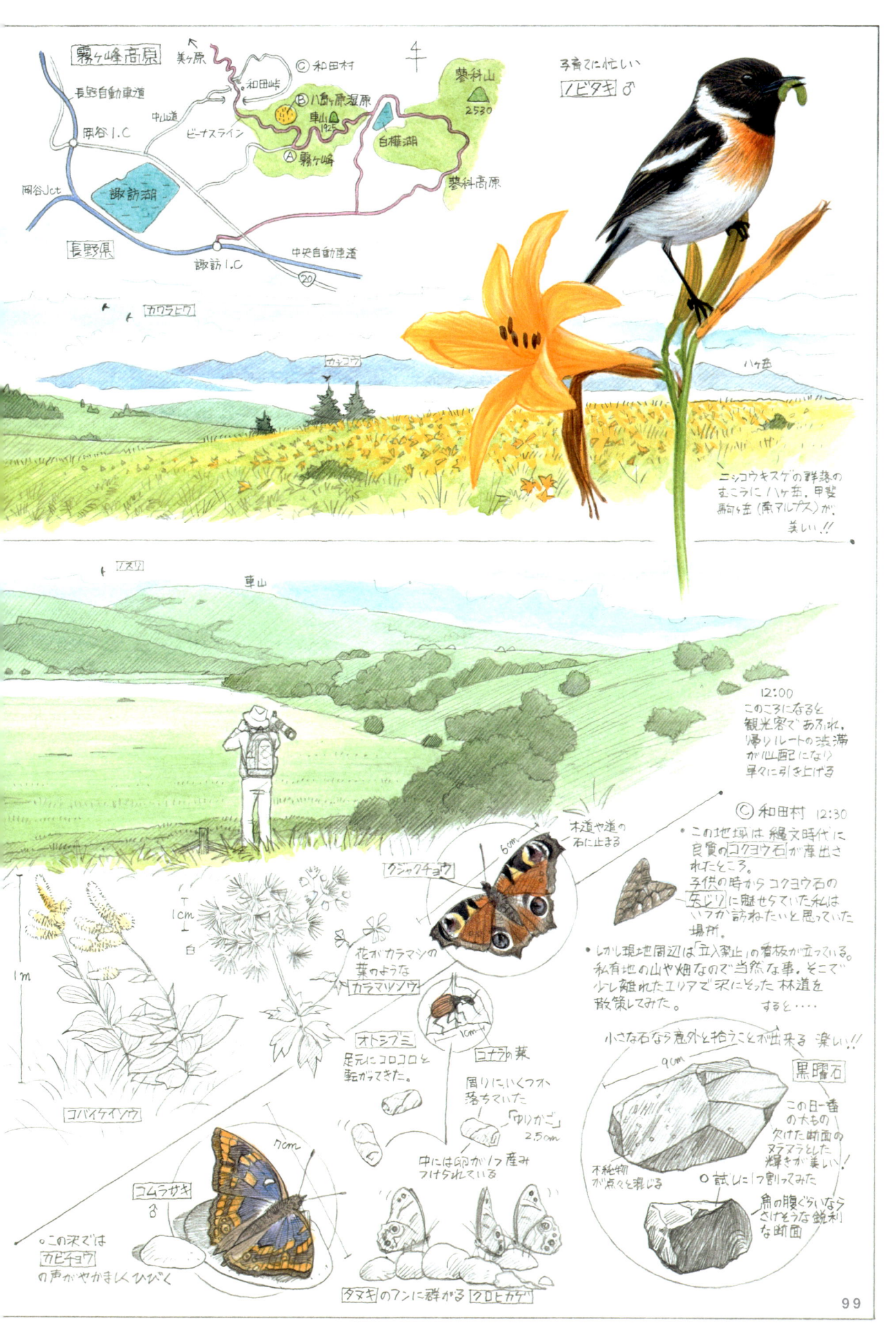

長野自動車道／美ヶ原／和田村／蓼科山 2530
塩尻I.C／中山道／和田峠／八島ヶ原湿原／車山 1925
ビーナスライン／A 霧ヶ峰／白樺湖／蓼科高原
岡谷Jct／諏訪湖／中央自動車道／諏訪I.C／20
長野県

子育てに忙しい **ノビタキ** ♂

カワラヒワ／カッコウ／八ヶ岳

ニッコウキスゲの群落のむこうに八ヶ岳、甲斐駒ヶ岳（南アルプス）が美しい！！

ノスリ／車山

12:00 このころになると観光客であふれ、帰りルートの渋滞が心配になり早々に引き上げる

© 和田村 12:30
・この地域は縄文時代に良質の**コクヨウ石**が産出されたところ。子供の時からコクヨウ石の**矢じり**に魅せられていた私はいつか訪ねたいと思っていた場所。
・しかし現地周辺は「立入禁止」の看板が立っている。私有地の山や畑なので当然な事。そこで少し離れたエリアで沢にそった林道を散策してみた。すると‥‥
小さな石なら意外と拾うことが出来る 楽しい！！

木道や道の石に止まる
クジャクチョウ 6cm

花がカラマツの葉のような
カラマツソウ 1cm 白

オトシブミ 1cm
足元にコロコロと転がってきた。

コナラの葉
周りにいくつか落ちていた「ゆりかご」2.5cm
中には卵が1つ産みつけられている

コバイケイソウ 1m

コムラサキ ♂ 7cm
・この沢では**カビチョウ**の声がやかましくひびく

タヌキのフンに群がる **クロヒカゲ**

黒曜石 9cm
この日一番の大もの 欠けた断面のヌラヌラとした輝きが美しい
不純物が点々と混じる
○試しに1つ割ってみた
魚の腹ぐらいならさけそうな鋭利な断面

99

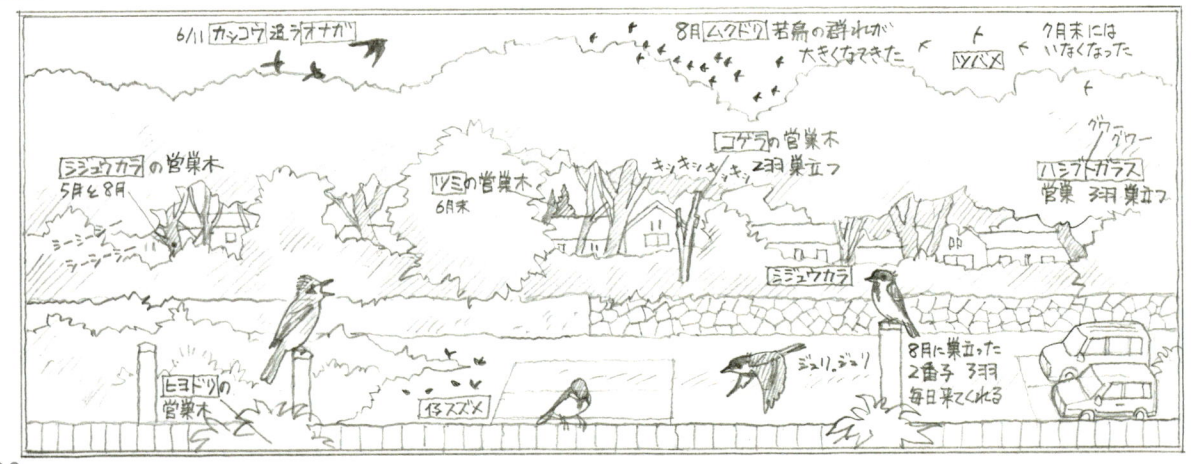

Field note フィールド・ノート 2005/8 NO.20

水谷高英
http://www2.tba.t-com.ne.jp/taka/

・7月14日～8月8日 コチドリの子育て (東京都,武蔵村山市)
広大な再開発地の道路が開通。さっそく行ってみると 広い草地にはチョウゲンボウ,セッカ,ヒバリが、砂レキ地ではコチドリが数組 繁殖をしていた。

コチドリの縄張り 7/14　このエリアは柵で囲まれている

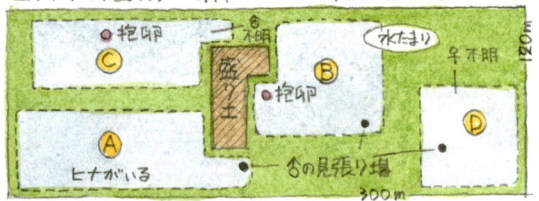

- 縄張りの境あたりにいつも♂がいる
- かなり広く、草などのブラインドで確認出来ない部分あり。
- 最終的に⒝©⒟のペアのヒナは確認出来ず。8/5には⒜の家族以外とも居なくなっていた。酷暑のため孵化に失敗したのだろうか？

コチドリ 7/14
♂ アイリング細い 黒 より長く見える 欠けている
♀ 暗褐色 全体に♂より一周り大きい気がする

○図鑑では雌雄同色とあるがここの個体は皆、♀が冬羽のような羽色をしている。すでに換羽しているのか？未成熟なのか？（イギリスの図鑑には、♀は眼先から頬、胸の帯は♂に比べると褐色味があり、アイリングもわずかに細い）とある。

7/14　私を警戒する⒜の一家
♀　ピュー・ピュー

7/21 羽根もはえてきたヒナ

コチドリには白帯がない
ピュ.ピュ.ピュ
ヒナから注意をそらさせようと、飛び回る♂

ピ.ピ.ピ.ピ.ピ
・鋭い鳴き声と脇羽根をふくらませて、柵ごしに威嚇してくる♂

○この夏 自室から観た子育てと巣立ち

6/11 カッコウ 通過 オナガ
8月 ムクドリ 若鳥の群れが大きくなってきた
ツバメ　9月末にはいなくなった

シジュウカラの営巣木 5月と8月
ツミの営巣木 6月末
コゲラの営巣木 キッキッキッキッ 2羽巣立つ
ハシブトガラス グワーグワー 営巣 3羽巣立つ

シジュウカラ
ジュリジュリ
8月に巣立った2番子 3羽 毎日来てくれる

ヒヨドリの営巣木
イエスズメ

- 日産自動車 村山工場跡地の造成地 — 砂レキ地エリア
  （柵で囲われ立ち入ることは出来ない）
- チョウゲンボウ 近くの工業団地で繁殖、造成地の草地エリアを狩り場にしている

じーっと様子をうかがうハシブト

ハシブトガラス を威嚇する
ピ・ピ・ピ・ピ
ピ・ピ・ピ・ピ
コチドリ の親鳥

盛り土

ピ・ピ・ピ コチドリ♀
ヒナ
Ⓐの家族

ピューッ コチドリ♂

7/4 コチドリ のヒナ
孵化後 3.4日目くらいだろうか

○ 酷暑の中の抱卵　Ⓑのペア
♀ 口を開けている

水浴びで体を冷やして抱卵

○ ヒナの旅立ち
8/5 Ⓐの一家を最後に見た日

チラッと見えた後姿の若鳥

○ ヒナの成長は早く20日で飛べるようになり1ヶ月ほどで旅立って行く。8/8 皆いなくなっていた。

住宅地のヒキ

○ 巣立つことの出来なかったものたち

ムクドリ 5月のまつごろ
ムクドリの

ハシブトガラス

ギーギーギー

○ 今年もたくさんのヒナが犠牲となった

ツミ の営巣放棄
6/28 〜 7/14

親鳥がエサを運ぶのを見てヒナの孵化を知る

7/4 巣の仕上げ（青葉を敷く）
7/4 巣ごもり確認
● 8/3 巣を放棄

○ 営巣開始時期が遅いので心配はしていたのだが… おそらく今年一度失敗し2度目のトライだったのだろう。警戒心が強いのは人からストレスを受けた可能性が強い

ヒヨドリ の営巣
6/11 玄関よこのキンモクセイに営巣
3cm
13cm
細長い赤紫色の斑紋

● このヒヨドリは以前から、私の行動パターンを観察していたようだ 早朝ゴミ出しに行くと、いつもゴミ置き場近くの電線からこちらを見ていた。ゴミを狙っているのかと思っていたが、実はカラスを追い払う私を見ていたのでは。そして私をボディーガードに選んだのでは。（似た例としてツミの巣の周りにオナガやヒヨドリが営巣すること）しかしカラスの方が一枚上手で、夕方 寝室のシャッターを下ろしたとたん、孵化2日目のヒナに悲劇が訪れた。

成熟したペアだったが

こちらを気にしている ♂

Field note

フィールド.ノート　2005/9　No.21　水谷高英
http://www2.tba.t-com.ne.jp/taka/

9月. 秋の里山を渡る夏鳥たち（東京都. 多摩丘陵）

今年もタカの渡りを観るために、9月11日から丘陵地の高台数ヶ所に通う。
連日の猛暑で、体調を壊すことながら自然界にも多少の異変が‥‥

○丘を越えていったタカたち

- ハチクマ 幼
- ミサゴ
- ノスリ 幼
- トビ
- サシバ
- チゴハヤブサ

9/11 ミサゴ

9/26 丘陵を横切る高圧電線に止まった
チゴハヤブサ
尾羽根より長い
キャッ

10/6 空中で捕えたマキバアカネを食べながら飛んでいた。

・10/3の時点で ハヤブサ. ハイタカ. ハリオアマツバメ は見られず

○正面から見た時の特徴（ここ数年、渡る高度が高くなり識別が難しくなってきた。）

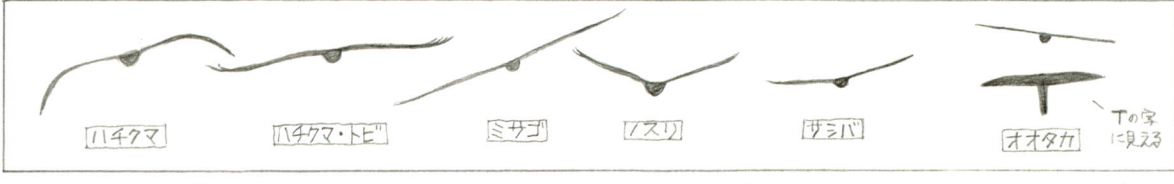

- ハチクマ
- ハチクマ・トビ
- ミサゴ
- ノスリ
- サシバ
- オオタカ … Tの字に見える

○9月初旬、ヒタキの渡るポイントを求めて彼らの好きな実の付く木を探して丘陵地を歩いてみた。すると

9/3 谷戸に沿って渡る センダイムシクイ と出会う

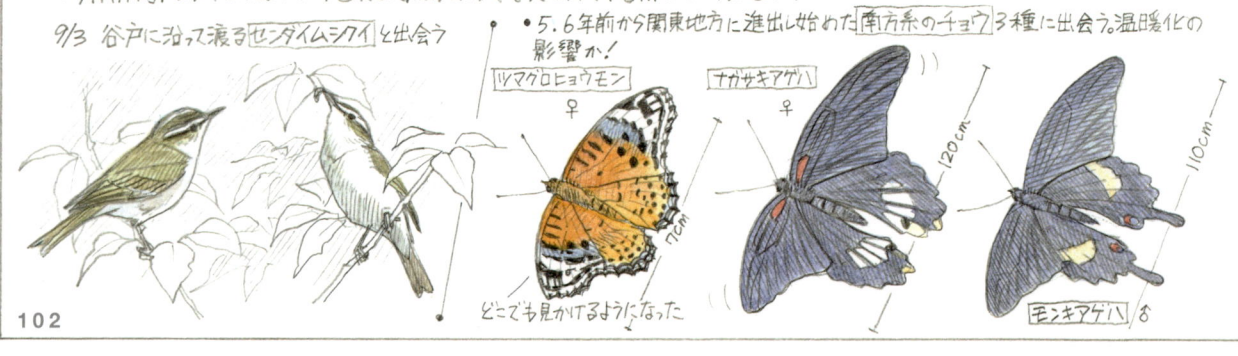

・5.6年前から関東地方に進出し始めた 南方系のチョウ 3種に出会う。温暖化の影響か!

- ツマグロヒョウモン ♀ 7cm どこでも見かけるようになった
- ナガサキアゲハ ♀ 120cm
- モンキアゲハ ♂ 110cm

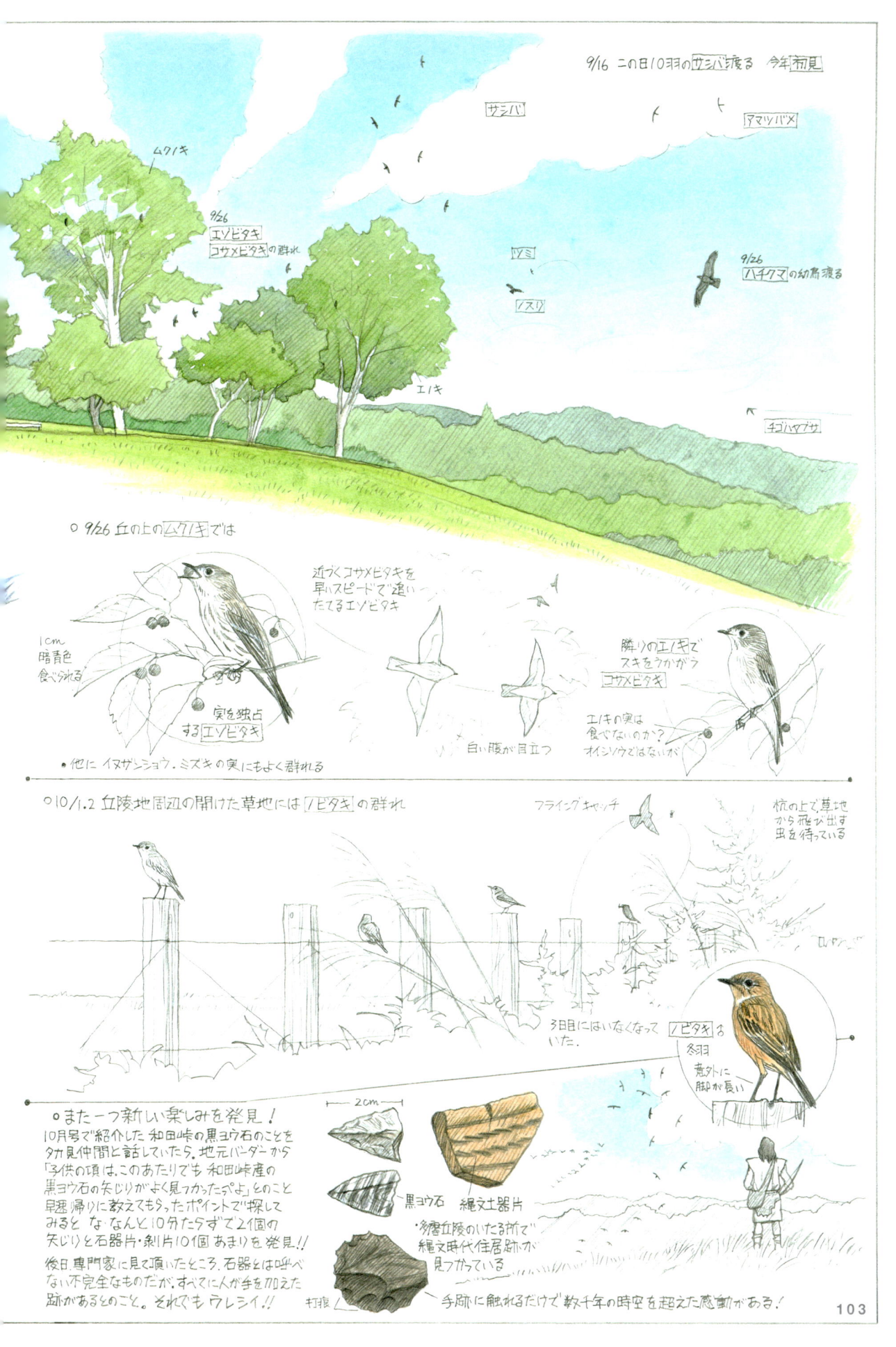

9/16 この日10羽の サシバ 渡る　今年 初見

ムクノキ

サシバ
アマツバメ

9/26
エゾビタキ
コサメビタキ の群れ

ツミ
ノスリ
9/26 ハチクマ の幼鳥渡る

エノキ

チゴハヤブサ

○ 9/26 丘の上の ムクノキ では

1cm
暗青色
食べられる

実を独占
する エゾビタキ

近づくコサメビタキを
早いスピードで追い
たてるエゾビタキ

白い腹が目立つ

隣りのエノキで
スキをうかがう
コサメビタキ

エノキの実は
食べないのか？
オイシソウではないが

・他に イヌザンショウ・ミズキの実にもよく群れる

○ 10/1.2 丘陵地周辺の開けた草地には ノビタキ の群れ

フライング キャッチ

杭の上で草地
から飛び出す
虫を待っている

3日目にはいなくなって
いた.

ノビタキ ♂
冬羽
意外に
脚が長い

○ また一つ新しい楽しみを発見！
10月号で紹介した 和田峠の黒ヨウ石のことを
タカ見仲間と話していたら、地元バーダーから
「子供の頃は、このあたりでも 和田峠産の
黒ヨウ石の矢じりがよく見つかったっぺよ」とのこと
早速 帰りに教えてもらったポイントで探して
みると な なんと 10分たらずで 2個の
矢じりと石器片・剥片 10個あまりを発見!!
後日 専門家に見て頂いたところ、石器とは呼べ
ない不完全なものだが、すべてに人が手を加えた
跡があるとのこと。それでも ウレシイ !!

2cm
黒ヨウ石　縄文土器片

・多摩丘陵のいたる所で
縄文時代住居跡が
見つかっている

打製

手跡に触れるだけで 数千年の時空を超えた感動がある！

103

Field note フィールド・ノート 2005/10 NO.22

水谷高英
http://www2.tba.t-com.ne.jp/taka/

- 10月25〜31日 冬鳥を見に荒川へ（埼玉県）
  9月中旬から通ったサシバの渡り観察も徒労に終わり（数の激減）、鳥見から少し離れていたら、自宅周辺からジョウビタキの声。促されるように冬鳥に会いに荒川中流域のポイントを訪ねた。

Ⓐ 金山緑地公園
小さな公園だが、意外な出会いが期待できる不思議な所。

- 10/31 この日は渡り途中のキビタキのペアに会えた。
  柳の茂みの中にいた

ジョウビタキ ♂
10/25には1ヶ所でしか見ることが出来なかったが、10/31にはすべてのポイントで出会えた。

Ⓑ 柳瀬川。住宅地を流れる小さな川の中州にイカルチドリの群れ、35羽

- 冬場ヒドリガモが多く群れの中にアメリカヒドリガモ（混雑種）も混じる

コガモ

- 冬の間タゲリと共用のネグラになっている

タゲリ 10/28
Ⓕ 刈田に35羽の群れ（当初は100羽ほど）すべて若鳥、成鳥はすでに別れ、個々で縄張りを形成しているのか？

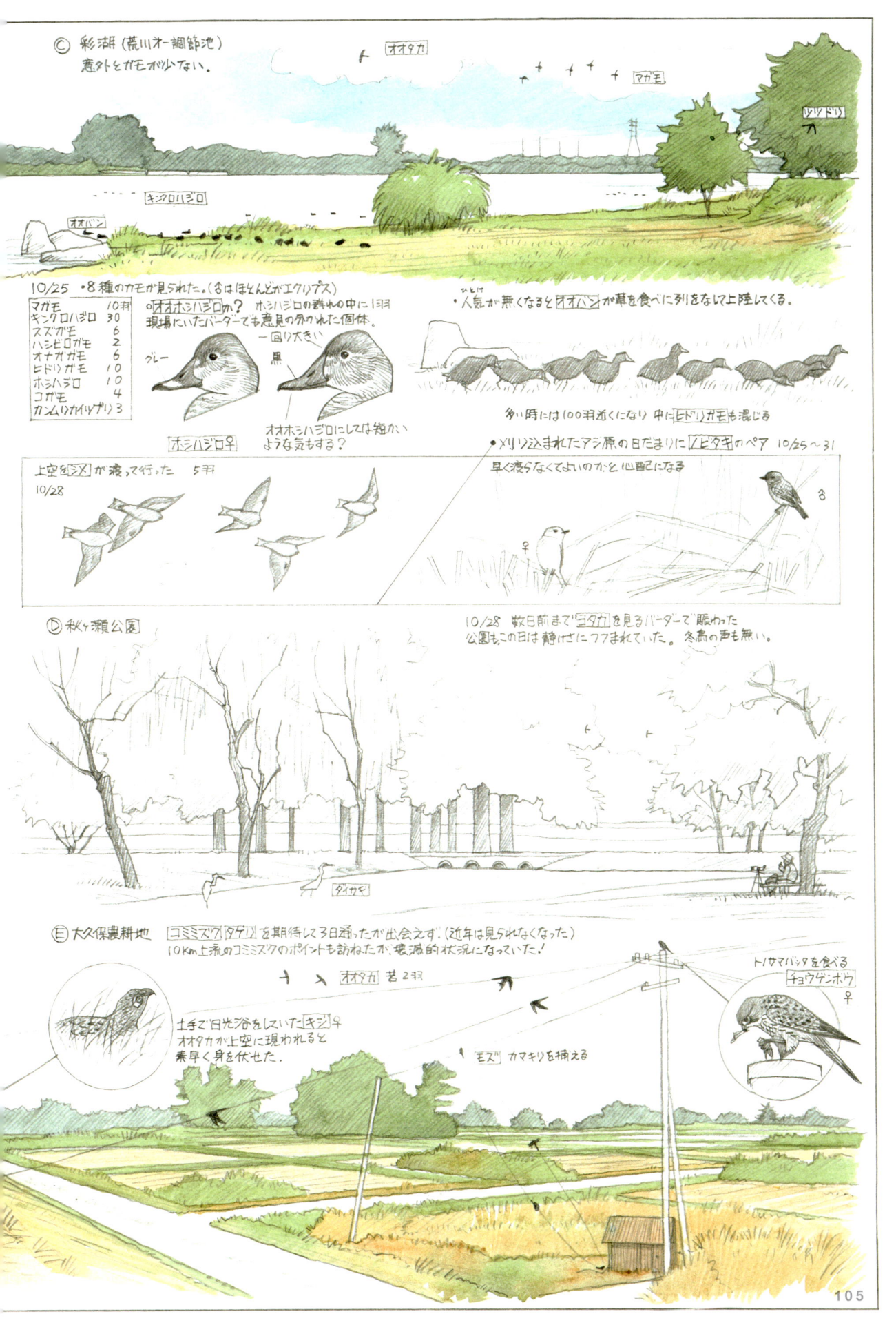

© 彩湖（荒川第一調節池）
意外とカモが少ない。

マガモ	10羽
キンクロハジロ	30
スズガモ	6
ハシビロガモ	2
オナガガモ	6
ヒドリガモ	10
ホシハジロ	10
コガモ	4
カンムリカイツブリ	3

10/25 ・8種のカモが見られた。(♂はほとんどがエクリプス)

○オオホシハジロか？ ホシハジロの群れの中に1羽
現場にいたバーダーでも意見の分かれた個体
　　　　　　一回り大きい
グレー　　　黒
ホシハジロ♀　　オオホシハジロにしては短かい
　　　　　　　　ような気もする？

・人気が無くなるとオオバンが草を食べに列をなして上陸してくる。
多い時には100羽近くになり 中にヒドリガモも混じる
・刈り込まれたアシ原の日だまりにノビタキのペア 10/25〜31
早く渡らなくてよいのかと心配になる

上空をツメが渡って行った 5羽
10/28

⑩ 秋ヶ瀬公園

10/28 数日前までヨタカを見るバーダーで賑わった
公園もこの日は静けさにつつまれていた。冬鳥の声も無い。

ダイサギ

Ⓔ 大久保農耕地　コミミズク タゲリ を期待して3日通ったが出会えず。(近年は見られなくなった)
10km上流のコミミズクのポイントも訪ねたが、壊滅的状況になっていた！

オオタカ 若2羽

土手で日光浴をしていたキジ♀
オオタカが上空に現われると
素早く身を伏せた。

モズ カマキリを捕える

トノサマバッタを食べる
チョウゲンボウ♀

Field note フィールド・ノート No.23
2005/11 水谷高英
http://www2.tba.t-com.ne.jp/taka/

11月18日 オオヒシクイを見に茨城県 霞ヶ浦へ

2005/7月号に続き2度目の霞ヶ浦。今回は対岸にあたる江戸崎町の刈田と桜川村・浮島のアシ原を訪ねた。

ヒシクイ
- 太く短かい
- 乾燥地を好む

オオヒシクイ
- 太く短かい
- 黄色部には個体差あり
- ヒシクイより一回り大きく、抽水性植物の根などを食べるのに適して首とクチバシが長い
- 湿地を好む

Ⓑ 霞ヶ浦南岸　狩猟区のためカモの姿が無い

ミサゴ／カワウ／ハンターが身を隠すためのアシで覆われたヤグラ

オオヒシクイの保護活動
- 土手にはアシでカモフラージュされたプレハブ小屋
- 初めて訪れる方は、一声かけてアドバイスを受けよう

・'05/7月号で紹介した霞ヶ浦ハス田の防鳥ネット問題のその後。今年もカモが渡って来る季節となり、事態の進ちょく状況を再度（野鳥の会茨城支部）明陽岩彦さんに問い合わせてみた。現状では劇的進展は無いものの、県、農協、野鳥の会三者の協議は継続中とのこと。――その間も被害が出る状況に対しては、現地に看板を立て通報の連絡先を記すとのこと。これにより救出までの時間が大幅に短縮される。

コガモ／こんな状況を見たら通報を！

Ⓒ 桜川村・浮島

この日、小春日和にめぐまれ、今年一番の気持ち良さ。印象派の絵のような空が広がる。

・この冬初見の **ツグミ**

ディスプレイ・フライトする **ミサゴ** のペア

コガモ の群れ

ジョウビタキ／**ホオジロ**

Ⓐ 江戸崎町　関東地方では唯一の オオヒシクイ 飛来地、この地方では昔から ヌマタロウ と呼ばれ親しまれてきた。
日口標識調査の結果、他の渡来地のグループとは交流の無い独立した希少な群れということも判明。

オオヒシクイ の群れ

チョウゲンボウ

コチョウゲンボウ

・二番穂の出た刈田で休む オオヒシクイ 48羽

・人や車が近づくと一斉に首を伸ばし警戒する。

・渡って来たばかりのこの時期は特に警戒心が強いので近づくのは厳禁。土手の上など離れた場所から見よう。

田の上を低く高速で飛び回る コチョウゲンボウ

チョウゲンボウ 幼

コチョウゲンボウ ♂

○チョウゲンボウと並行して飛行する瞬間があったので、大きさの比較が出来たが以前の印象より大きく感じた。その差は廻りぐらいか。

今回かなり近くで見ることが出来、その美しさに改めて感動！
「私の好きな鳥 BEST.10」にランクイン！

・この日見た チュウヒ

赤褐色　　クリーム色
虹彩黄色　虹彩褐色
成鳥♀?　幼鳥♀?

カワラヒワ

チュウヒ 2羽

観察舎

シジュウカラ

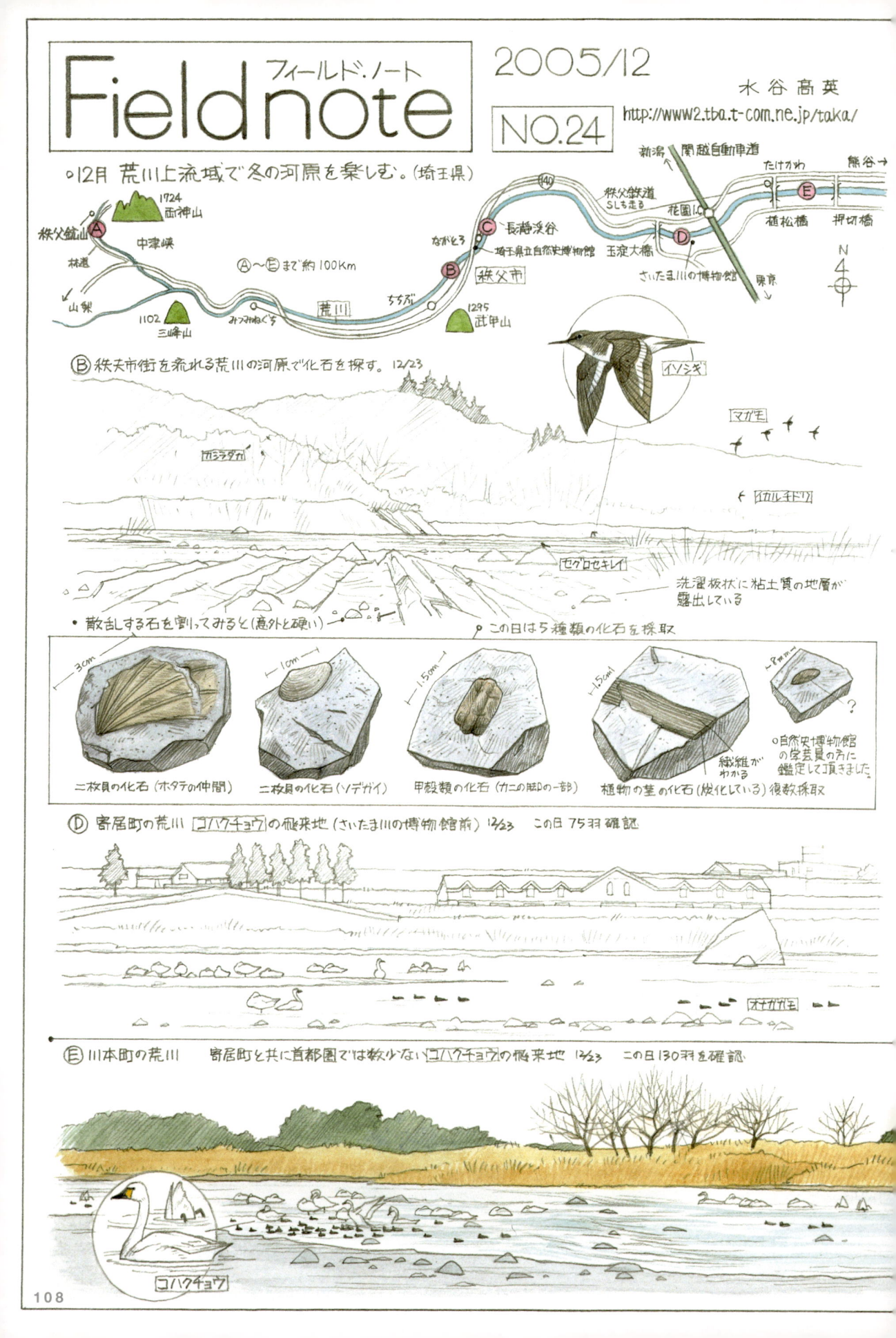

Field note フィールド.ノート

2005/12 NO.24 水谷高英
http://www2.tba.t-com.ne.jp/taka/

○12月 荒川上流域で冬の河原を楽しむ。(埼玉県)

地図：A秩父鉱山〜B秩父市〜C長瀞渓谷(埼玉県立自然史博物館)〜D(さいたま川の博物館)〜E(植松橋・押切橋)　A〜Eまで約100km
両神山1724、三峰山1102、武甲山1295、中津峡、みつみねぐち、ちちぶ、ながとろ、花園IC、玉淀大橋、たけかわ、熊谷、新潟、関越自動車道、秩父鉄道SLも走る、山梨、東京

B 秩父市街を流れる荒川の河原で化石を探す。12/23

- イソシギ
- マガモ
- カワラヒワ
- イカルチドリ
- セグロセキレイ
- 洗濯板状に粘土質の地層が露出している
- 散乱する石を割ってみると（意外と硬い）
- この日は5種類の化石を採取

化石のスケッチ：
- 二枚貝の化石（ホタテの仲間）約3cm
- 二枚貝の化石（ソデガイ）約1.0cm
- 甲殻類の化石（カニの脚の一部）約1.5cm
- 植物の茎の化石（炭化している）複数採取　約1.5cm　繊維がわかる
- ？　約7mm
- ○自然史博物館の学芸員の方に鑑定して頂きました。

D 寄居町の荒川　コハクチョウ の飛来地（さいたま川の博物館前）12/23　この日 75羽確認
- オナガガモ

E 川本町の荒川　寄居町と共に首都圏では数少ない コハクチョウ の飛来地　12/23　この日130羽を確認
- コハクチョウ

108

Ⓐ 荒川源流域 両神山ふもとにある秩父鉱山 12/10

クマタカの出現を期待しながら鉱山の下を流れる
中津川で鉱物採集。
しかし河原は残雪と凍りついた石で寒く
2時間ほどで引き上げる。林道も凍結して危険！

・渓谷が深く陽もささないせいか鳥の姿が無い
わずかに キジ と ミソサザイ に会えたのみ

秩父鉱山

この鉱山から産出された鉱物
のすばらしい標本を、長瀞に
ある県立自然史博物館で
見ることが出来る。
ぜひ寄ってみよう。
採取した石の鑑定もして頂ける。

・両神山
火成岩（マグマが表出
して出来る）の山は独特
な景観をつくり出して
いる。

・この日採取した鉱物

方解石 — 白 — 割ってみる → キラキラとした結晶がビッシリ
ボロボロと結晶がくずれる
5cm

方解石
ルーペで観ると縦横の亀裂がわかる

黄鉄鉱 8cm
金色の無数の小さな結晶がキラキラと輝く

・方解石 — 石灰岩が再結晶したもの（炭酸カルシウム）（大理石）

Ⓒ 長瀞(ながとろ)渓谷　ヤマセミに出会う。12/23

ヤマセミ ♀

ハシブトガラス に追いたてられていた。

トモエガモ ♂ 1つがい

他に オナガガモ ホシハジロ コガモ マガモ オオバン カイツブリ

ホオジロガモ ♂ 3つがい

セグロセキレイ

109

Field note フィールド.ノート 2006/1 NO.25

水谷高英
http://www2.tba.t-com.ne.jp/taka/

- 1月、近くの里山でオオコノハズク、ヤマシギを観る（東京都、多摩地区）

1/4 例年にない静かな正月。鳥見始めに近くの里山へ出かけると、今年は来ていないと聞いていたオオコノハズクが居てくれた。他にギャラリーもなく、ゆったり、じっくりスケッチを楽しむ事が出来た。（結局この冬はこの日と翌日だけで、また姿を消してしまった。）

1/4 14:00
日中はほとんど動くことはない

- 16:00 ウロから出て時折目を開け、グルリ360°周囲を見渡していた。1/5

オオコノハズク
オレンジ色の目が鋭い！

- フクロウの仲間は表情があまりにも人間的なため描くのが本当にむずかしい

- 16:30
日没直前いつものように
森の中へ落ちるように
消えていった。

・ヤマシギが越冬する里山の湿地

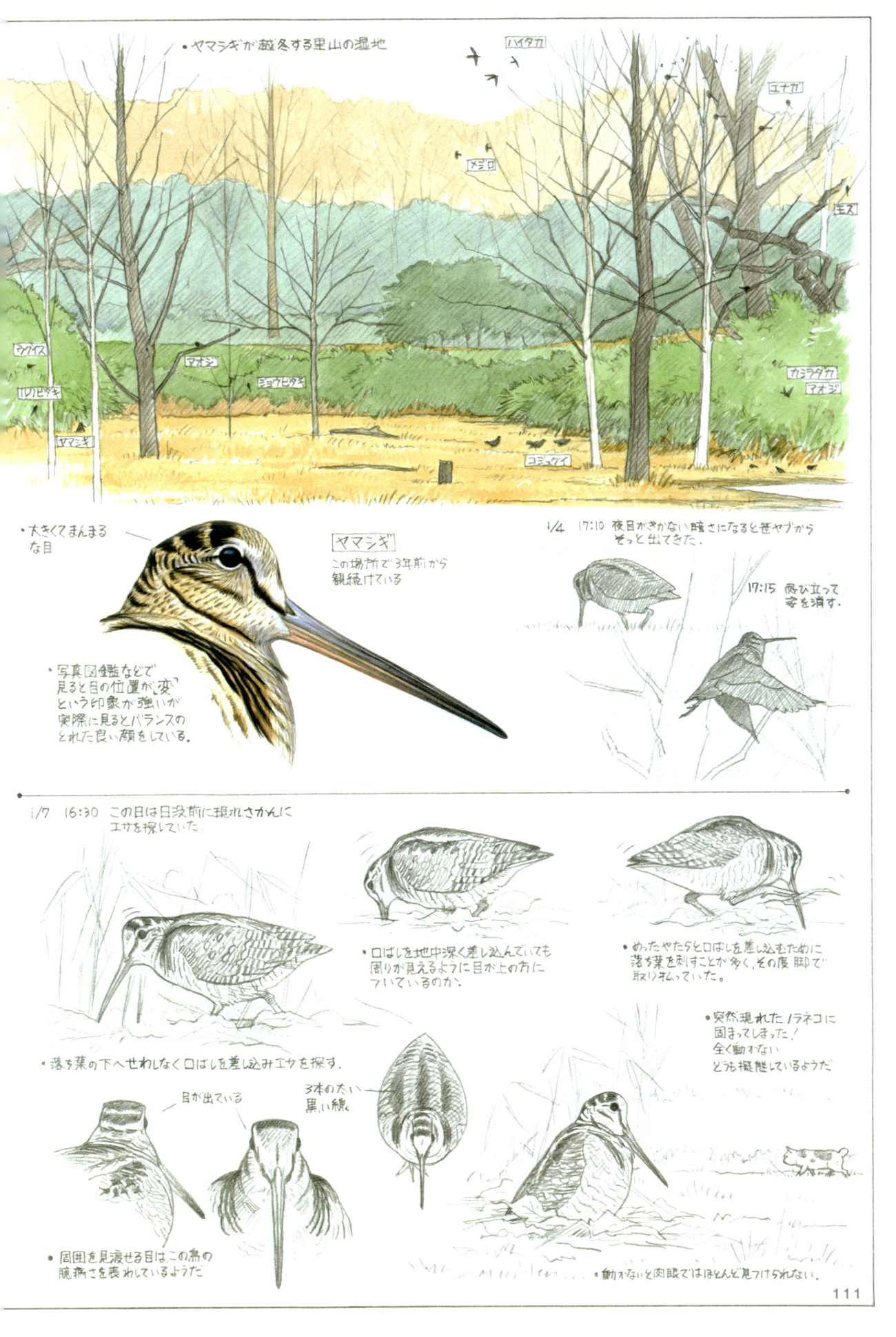

ハイタカ
エナガ
メジロ
モズ
ウグイス
マヒワ
ジョウビタキ
ルリビタキ
ヤマシギ
カシラダカ
アオジ
コジュケイ

ヤマシギ
この場所で3年前から観続けている

・大きくてまんまるな目

・写真図鑑などで見ると目の位置が変という印象が強いが実際に見るとバランスのとれた良い顔をしている。

1/4 17:10 夜目がきかない暗さになると笹ヤブからそっと出てきた。

17:15 飛び立って姿を消す。

1/7 16:30 この日は日没前に現れさかんにエサを探していた。

・口ばしを地中深く差し込んでいても周りが見えるように目が上の方についているのか

・めったやたらと口ばしを差し込むために落ち葉を刺すことが多く、その度脚で取り払っていた。

・落ち葉の下へせわしなく口ばしを差し込みエサを探す。

目が出ている

3本の太い黒い線

・突然現れた1ネコに固まってしまった!
全く動かない
とても擬態しているようだ

・周囲を見渡せる目はこの鳥の臆病さを表わしているようだ

・動かないと肉眼ではほとんど見つけられない。

Field note

フィールド・ノート

2006/2 NO.26

水谷高英
http://www2.tba.t-com.ne.jp/taka/

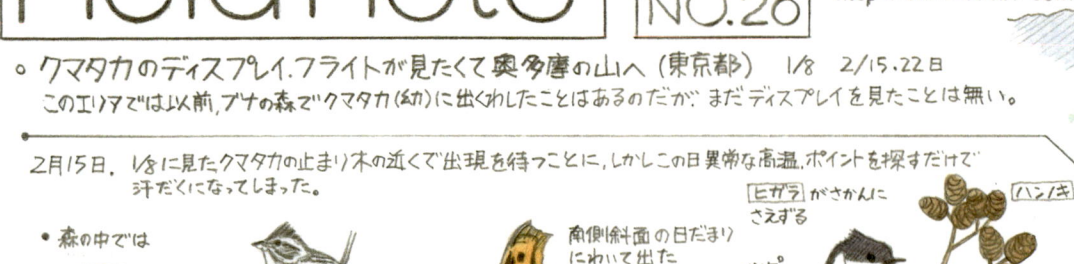

○ クマタカのディスプレイ・フライトが見たくて奥多摩の山へ（東京都） 1/8 2/15, 22日
　このエリアでは以前、ブナの森でクマタカ（幼）に出くわしたことはあるのだが、まだディスプレイを見たことは無い。

2月15日。1/8に見たクマタカの止まり木の近くで出現を待つことに。しかしこの日異常な高温、ポイントを探すだけで
汗だくになってしまった。

・森の中では

カシラダカ　小群

ルリビタキ ♂ 2羽

南側斜面の日だまりににわかに出た
キタテハ　数頭

ヒガラ がさかんに さえずる
ツピッ ツピッ ツピッ

ハンノキ

ハイタカ

ピーヨ ピーヨ ピーヒョロ
背後の梢でけたたましく鳴く
ノスリ

トビ

ヤドリギ

・この日も冬鳥の姿が ない！静かだ！

・木陰が心地よいこの日、やっと見つけた見晴らしのよい
ポイントで1時間ほど待つと、谷からゆったりと
旋回しながらクマタカが現れ、尾根の向こうに消え
た。

1/8 奥多摩周遊道路の駐車場で
空を見上げると、そこに クマタカ が

遠く副都心が見える

- 1/8 この日奥多摩の鉱山で鉱物採取の帰り
  冬鳥を見に周遊道路へ廻ったのだが、冬鳥の姿が無い！
  唯一の成果が クマタカ というゼイタク!?
- 落ちた方向からするどい鳴き声が響く、急いで場所を変え探すと、向かいの尾根の枯木に

2月22日 数日前の雪が残り森に入れず、新たなポイントを探す。
周遊道路周辺で数は少ないが冬鳥に出会うことが出来た。

クマタカ 幼鳥？
白っぽい
300M程離れてはいるが風にあおられる冠羽が見える（一見ミサゴのよう）

カヤクグリ

大きな群を見ることはなかった アトリ
♂
イヌシデ

ヤマガラ

ベニマシコ
3羽

オオアカゲラ ♀

ミズキの実

サルナシの実を食べる
ツグミ

ヌルデの実を食べる
ジョウビタキ ♀

- 午前中、いつものエリアでは クマタカ を
  見つけることは出来なかった。
- 訪ねたビジターセンターのレンジャーの方
  の目撃談を参考に午後は尾根の
  反対側に回り探すことに。すると…

クマタカ
成鳥

ハシブトガラス

成
幼

モミの木の方を
さかんに気にしている

300M先
遠い！
全体が白

- 見晴らしのよい場所に立つと、ム？
  向かいの山はだに何やら白いものが！
  スコープを覗くと遠くて細部は外からないが
  かすかに頭が動く 幼鳥だ！？

- 山肌のかすかな上昇気流
  を大きなつばさでとらえ
  ゆったりと上昇する。
  つばさはほとんど動かさ
  ない。迫力のある飛翔!!

成鳥

- 幼鳥が覗きこんでいたモミの木へ
  移ると、そこにいたもう1羽の クマタカ (成鳥)
  が追い出されるように飛び出した！
  レンジャーの方の話ではここ数年幼鳥は確認していない
  とのこと。この2羽の関係はもう少し追って調査したい。

Field note フィールド.ノート

2006/3 NO.27 水谷高英
http://www2.tba.t-com.ne.jp/taka/

3月 思いが叶った出会い2つ。レンジャク. クマタカ

① 昨年、全く姿を見ることが出来なかったレンジャク. 今年の状況を知りたくて
レンジャクで有名な富士吉田市周辺のヤドリギをくまなく探してみた。(山梨県) 3/19

[地図: 野鳥の森公園、西湖、河口湖、富士急行、中央自動車道、かわぐちこ、河口湖I.C、富士吉田市、ふじよしだ、富士浅間神社、忍野八海、山中湖I.C、A・B、山中湖、東富士五湖道路、御殿場、▲富士山]

・**ヤドリギ**の分布
屋敷林、街道沿いのケヤキ などに見られる。目立つので 車で走行しながら探すことが 出来た。

ヤドリギ
花芽 / ⌀6mm 淡黄緑色 / 5〜6mm

○実が落ち花が咲いて いる株もあった。

② クマタカとの感動の出会い. 奥多摩 (東京都) 3/27
前号で紹介したクマタカのその後を知りたくて再度訪ねた。
今回は大学生のM君に同行してもらい、4つの目で丹念に探すことに。

— M君 (北海道. 標津出身)
・小学生の時にファンレターをくれた ファン1号君。鳥を見つける視力 に卓越した能力を持つ。

○途中渓流沿いの街道を走行中、前を横切る鳥に素早く 反応したM君. 沢を覗くとヤマセミのペア. 初見のM君. 大興奮!   これが感動の日の始まりだった.

○峠道のコーナーを抜けた時 一瞬山肌のモミの枯木に 気配! 車を止めM君に 確認してもらうと 「ク.クマタカ だー!!」 近い!!

ヤマセミ ♂
ケシ.ケシ.ケシ.ケシ
繁殖期のため ♀に対して激しく 鳴いていた。

— じっとこちらを見据える。 その存在感は強烈だ!
まるでカラス天狗 神神しい. スケッチする手が震える

深山幽谷の鳥
クマタカ ♀

○この2羽は前回とは別の個体だ。

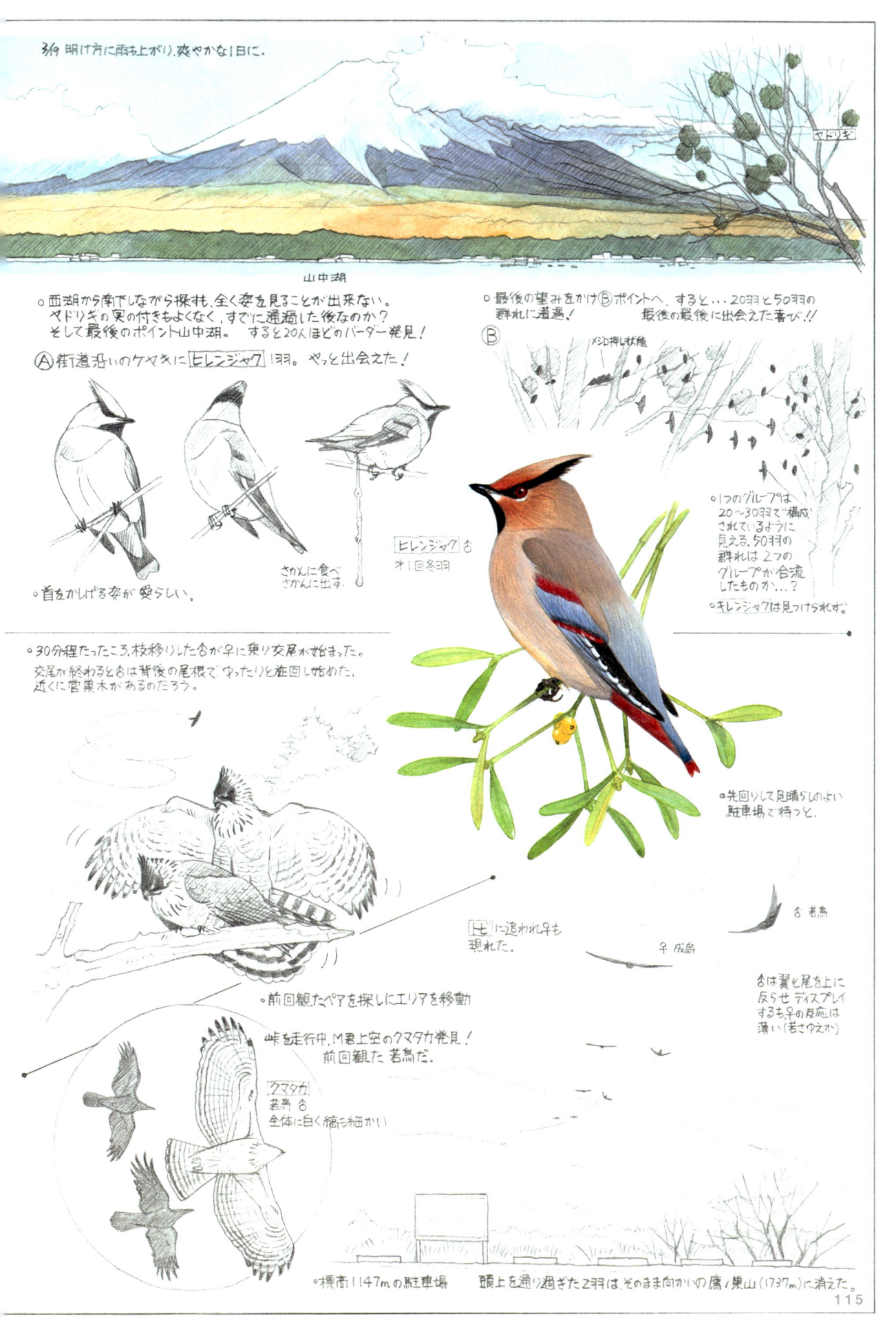

3/9 明け方に雨も上がり、爽やかな1日に。

山中湖　ヤドリギ

○西湖から南下しながら探鳥、全く姿を見ることが出来ない。
  ヤドリギの実の付きもよくなく、すでに通過した後なのか？
  そして最後のポイント山中湖。すると20人ほどのバーダー発見！

Ⓐ 街道沿いのケヤキに ヒレンジャク 1羽。やっと出会えた！

ヒレンジャク ♂
第1回冬羽

さかんに食べ
さかんに出す

○首をかしげる姿が愛らしい。

○最後の望みをかけⒷポイントへ。すると…20羽と50羽の
  群れに遭遇！　最後の最後に出会えた喜び！！
Ⓑ
メジロ押しな枝

○1つのグループは
  20〜30羽で構成
  されているように
  見える。50羽の
  群れは2つの
  グループが合流
  したものか…？
○キレンジャクは見つけられず。

○先回りして見晴らしのよい
  駐車場で待つ。

○30分程たったころ、枝移りした♀に♂が乗り交尾が始まった。
  交尾が終わると♂は背後の尾根で、ゆったりと旋回し始めた。
  近くに営巣木があるのだろう。

ヒ に追われ♀も
現れた。

♂若鳥
♀成鳥

♂は翼と尾を上に
反らせディスプレイ
するも♀の反応は
薄い(若さゆえか)

○前回観たペアを探しにエリアを移動

峠を走行中、M君上空のクマタカ発見！
前回観た若鳥だ。

クマタカ
若鳥 ♂
全体に白く縞も細かい

○標高1147mの駐車場　頭上を通り過ぎた2羽は、そのまま向かいの鷹ノ巣山(1737m)に消えた。

Field note フィールド・ノート

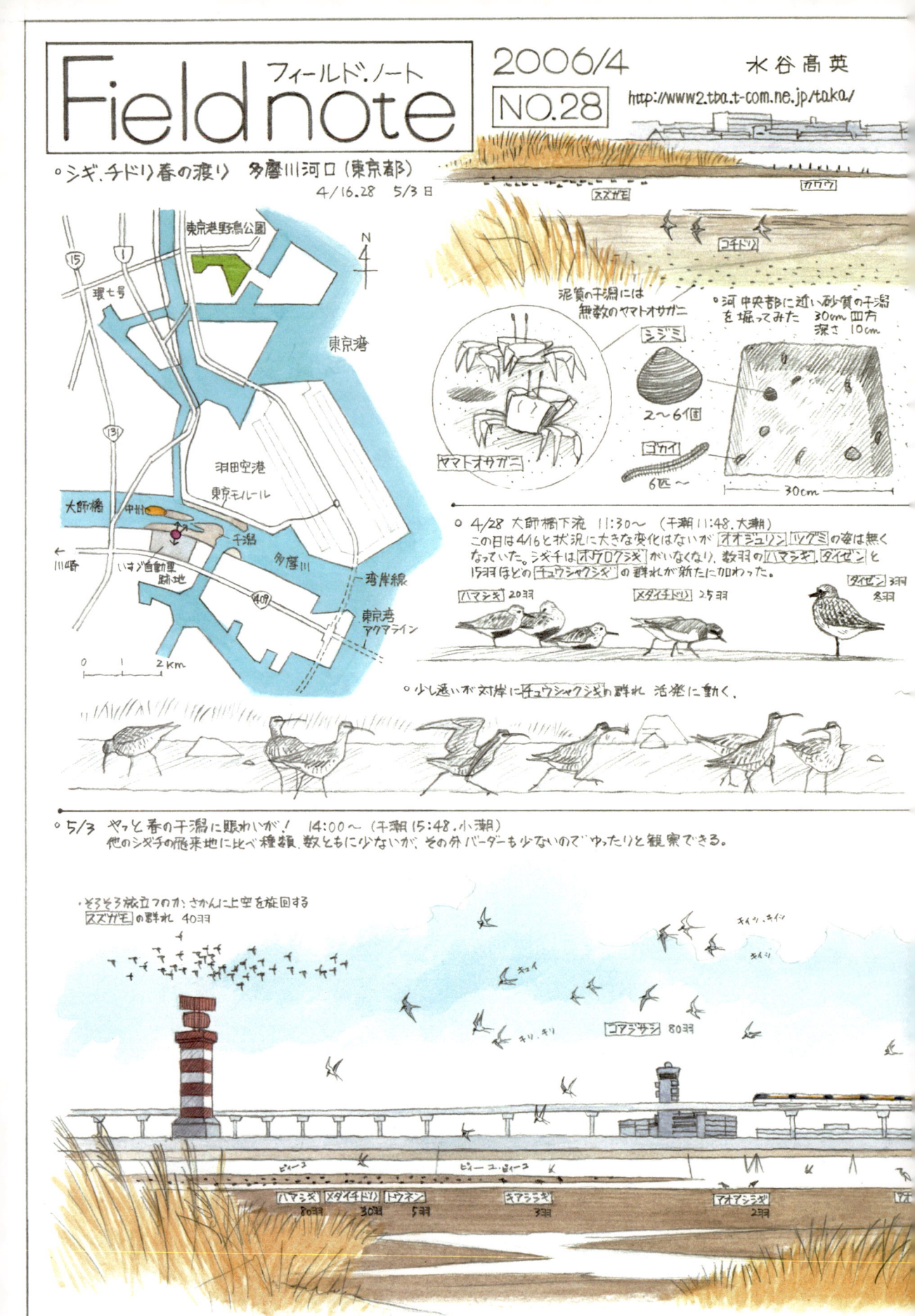

2006/4 NO.28 水谷高英
http://www2.tba.t-com.ne.jp/taka/

○ シギ・チドリ春の渡り　多摩川河口（東京都）
4/16, 28　5/3 日

スズガモ　カワウ　コチドリ

○ 泥質の干潟には無数のヤマトオサガニ
ヤマトオサガニ

○ 河中央部に近い砂質の干潟を堀ってみた　30cm四方　深さ10cm
シジミ　2〜6個
ゴカイ　6匹〜
←30cm→

東京港野鳥公園　N
15号　環七号
東京港
羽田空港　東京モノレール
大師橋　中洲　干潟
いすゞ自動車跡地　多摩川
←川崎　湾岸線　東京湾アクアライン
0 1 2km

○ 4/28 大師橋下流 11:30〜（干潮 11:48.大潮）
この日は4/16と状況に大きな変化はないがオオジュリン・ツグミの姿は無くなっていた。シギはハマシギがいなくなり、数羽のハマシギ・ダイゼンと15羽ほどのチュウシャクシギの群れが新たに加わった。

ハマシギ 20羽　メダイチドリ 2,5羽　ダイゼン 1羽 冬羽

○ 少し遠いが対岸にチュウシャクシギの群れ 活発に動く。

○ 5/3 やっと春の干潟に賑わいが！ 14:00〜（干潮 15:48.小潮）
他のシギチの飛来地に比べ種類、数ともに少ないが、その分バーダーも少ないのでゆったりと観察できる。

・そろそろ旅立つのか、さかんに上空を旋回するスズガモの群れ 40羽

コアジサシ 80羽

ハマシギ 80羽　メダイチドリ 30羽　トウネン 5羽　キアシシギ 3羽　アオアシシギ 2羽

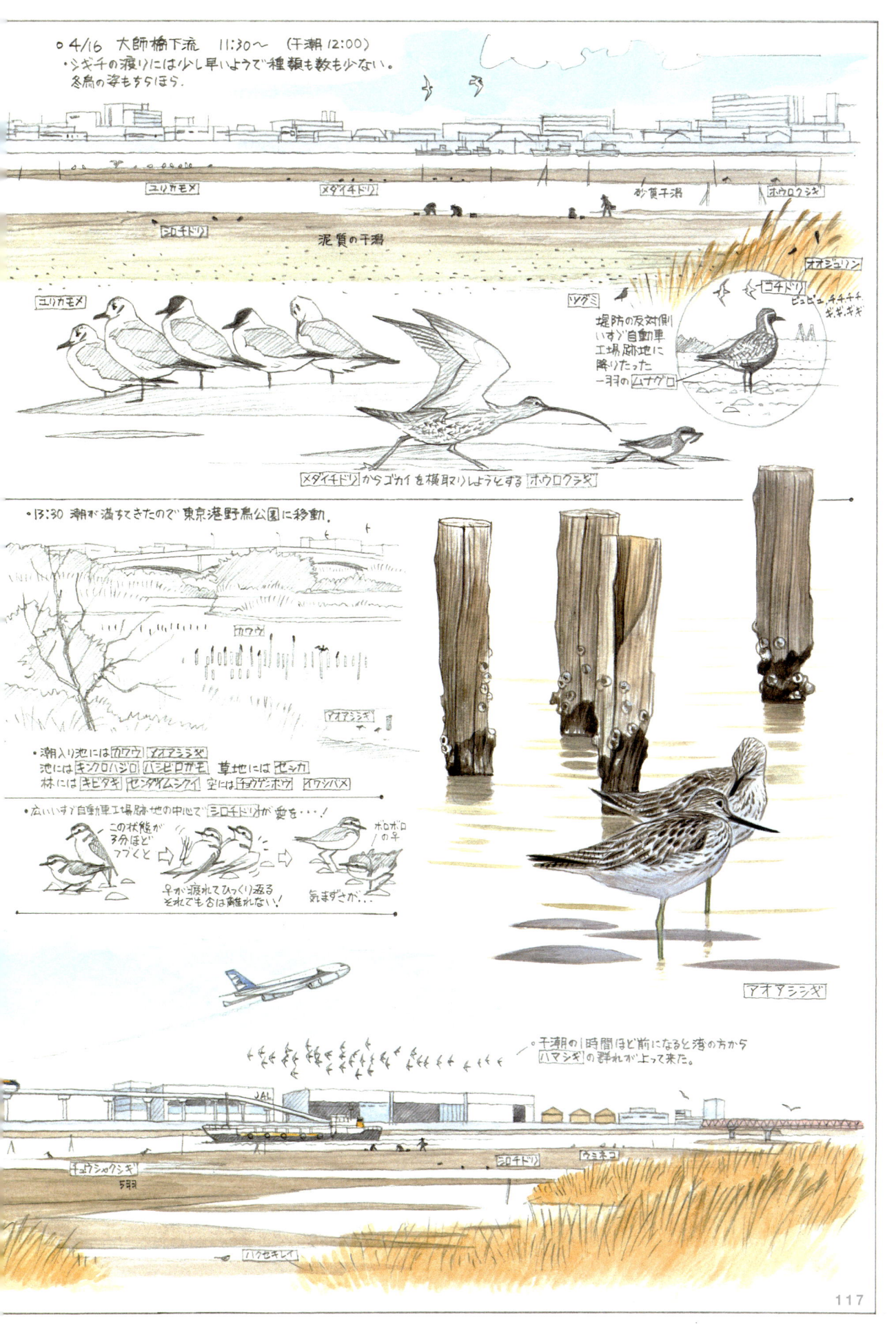

○4/16 大師橋下流 11:30〜 (干潮 12:00)
・シギチの渡りには少し早いようで種類も数も少ない。
　冬鳥の姿もちらほら。

ユリカモメ　メダイチドリ　砂質干潟　ホウロクシギ
コチドリ　泥質の干潟　オオジュリン

ユリカモメ　ツグミ　コチドリ　ピュピュ、チチチチ、ギギ、ギギ
堤防の反対側
いすゞ自動車
工場跡地に
降りたった
一羽のムナグロ

メダイチドリからゴカイを横取りしようとするホウロクシギ

・13:30 潮が満ちてきたので東京港野鳥公園に移動。

カワウ
アオアシシギ

・潮入り池には カワウ アオアシシギ
　池には キンクロハジロ ハシビロガモ 草地には セッカ
　林には キビタキ センダイムシクイ 空には チョウゲンボウ イワツバメ

・広いいすゞ自動車工場跡地の中心でコチドリが愛を‥‥！
この状態が
3分ほど
つづくと　子が疲れてひっくり返る　ボロボロの子
　　　　　それでも♂は離れない！　気まずさが...

アオアシシギ

・干潮の1時間ほど前になると港の方から
　ハマシギの群れが上って来た。

JAL
チュウシャクシギ　コチドリ　ウミネコ
5羽
ハクセキレイ

Field note フィールド・ノート

2006/5 NO.29 水谷高英
http://www2.tba.t-com.ne.jp/taka/

5月12日. タマシギに会いたくて霞ヶ浦南側の水田地帯へ。(茨城県)
　5月. ガイドブック(日本の探鳥地, 文一総合出版)によると、このエリアにはタマシギを始め、コジュリン、タカブシギ、ウズラシギ、ヒバリシギ、ツバメチドリ (他にも希な淡水性のシギ)などまだ見ぬ鳥の名がズラリ. 期待に胸がふくらむ。

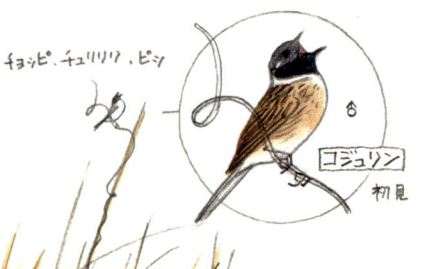

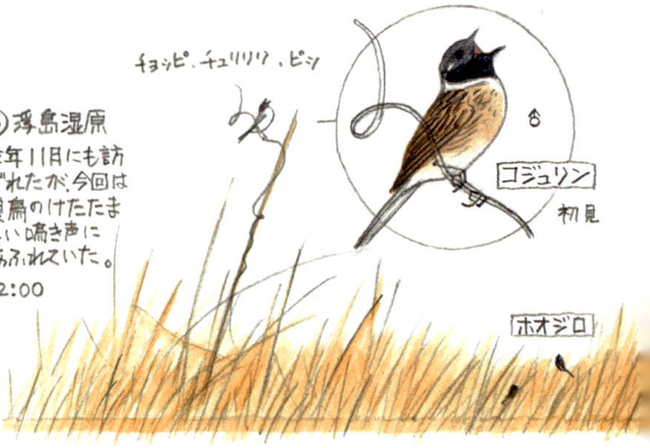

― 常磐自動車道
桜土浦 I.C
霞ヶ浦
Ⓐ
Ⓓ Ⓑ
Ⓒ
茨城県
5km
千葉県　利根川
この地域は広大な水田と里山が点在する典型的な田園地帯

Ⓑ浮島湿原
・昨年11月にも訪ずれたが、今回は夏鳥のけたたましい鳴き声にあふれていた。
12:00
チョッピ、チュリリリ、ピシ
コジュリン ♂ 初見
ホオジロ

Ⓒ 霞ヶ浦と利根川の間に広がる水田
ガイドブックにはタマシギの関東有数の繁殖地として紹介してあるエリア。
先週のゴールデンウィークに田植えも終わり、どこにも人の姿がない
車を止め現在地を確認し、さあこの広い水田地帯をどう探索しようかと見渡すと周囲の水田には…　13:00〜

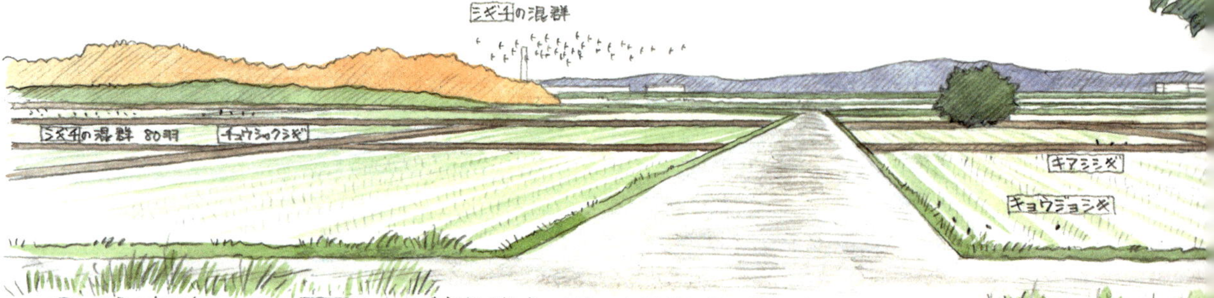

シギチの混群
シギチの混群 80羽　チョウシャクシギ　キアシシギ　キョウジョシギ

・5km四方の水田を隈なく探すもタマシギには出会えず. ザンネン!(少し時期的に早すぎたか?)
再びこの場所にもどるとシギチの80羽ほどの混群が舞い降りた。

○水田に下り立ったシギチの混群 80羽
キョウジョシギ 20羽　ムナグロ 40羽　ハマシギ 10羽　ウズラシギ 1羽 初見

○上のような混群を見た時は数値では分からない鳥の大きさを感覚として身に付けるチャンス!
├──同じくらい──┤　├────同じくらい────┤
ハマシギ　キョウジョシギ　ウズラシギ　エリマキシギ♀幼　ムナグロ　キアシシギ　チュウシャクシギ

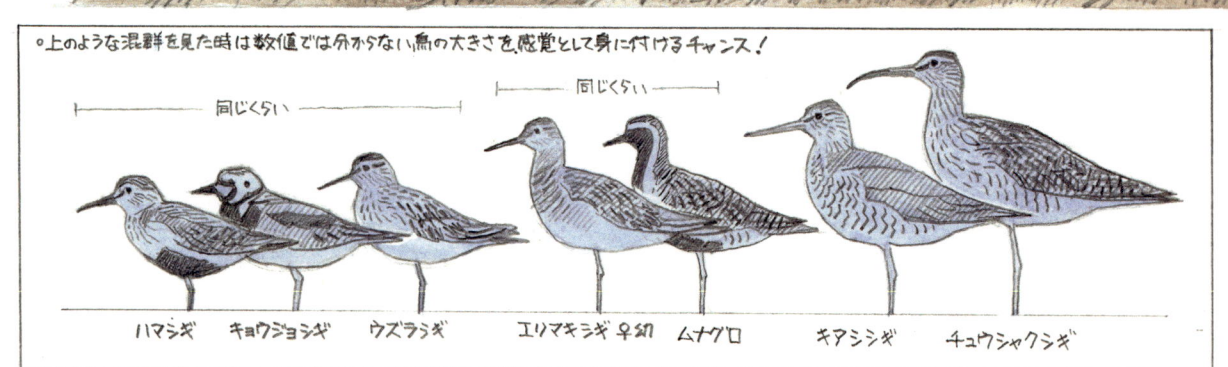

Ⓐ 田植え前の水田に アマサギ の群れ 50羽〜 (阿見町) 10:40
ほとんどの水田が田植えを終えているこの時期に、この一画だけがしろかきをしていた。

アマサギ
婚姻色で赤くなった嘴

・この場所、メアトでは全く見ることは無かった

オオセッカ セッカ ヒ・ヒ・ヒ オオヨシキリ ギョギョシ・ギョギョシ コアジサシ 観察舎

・ハス田には大好きな ツルシギ 7ヨヨ

・キアシシギ と チュウシャクシギ は混群とは少しはなれ群にいることが多い。

・10羽前後の群れをいくつか見たが 2005/7月号で取り上げたネグラ入りの群れはこれらが集まったものと思われる。

エリマキシギ 1羽 ♀幼   キアシシギ 3羽 ピューイ   チュウシャクシギ 3羽

Ⓓ 里山 ゴルフ場と化した里山に昔ながらの小さな谷戸田が残っていた。
15:00

カエルの声も聞こえる…と言うことは…

やはり 出た!!
近くの松に止まった
サシバ ♀   ゴルフ場

コロコロ・コロコロ・

Field note フィールド・ノート

2006/6 NO.30

水谷高英
http://www2.tba.t-com.ne.jp/taka/
・2003〜Field Note が見られます。

6月25日 ブッポウソウの住む神社 (東京都,西多摩地区)

梅雨の長雨の中,東京では唯一と思われる繁殖地の神社を訪ねた。そこは杉の巨木におおわれ凛とした空気に満ちていた。

○神社の向かいの山の枯木に止まる **ブッポウソウ**。休息場

・気温の上昇で開けたクチバシがハナミズキの花のように見えた。 白

・帰りに,あきる野市にある里山「横沢入地区」に寄ってみた。(BIRDER '06/6月号「東京の空にブッポウソウを再びで」も紹介された場所。
18:00 この場所は10数年前から野生の **ホタル** を観るため家族で毎年この時期に訪ねてきたが,環境の悪化は進行していた。
谷戸田はバブル期に開発地として売却されて以来 休耕田となり荒れてしまった。(現在は行政や,いくつかの団体により再生をめざす。)

・10年前の夜の横沢入は **フクロウ** の鳴き交しや **ヨタカ** **アオバズク** の声を聞くことが出来たが 今は **ガビチョウ** の声が響く。

ノバズ 若鳥

ヤナギの木がどんどん大きくなる

湿地

小川が流れる

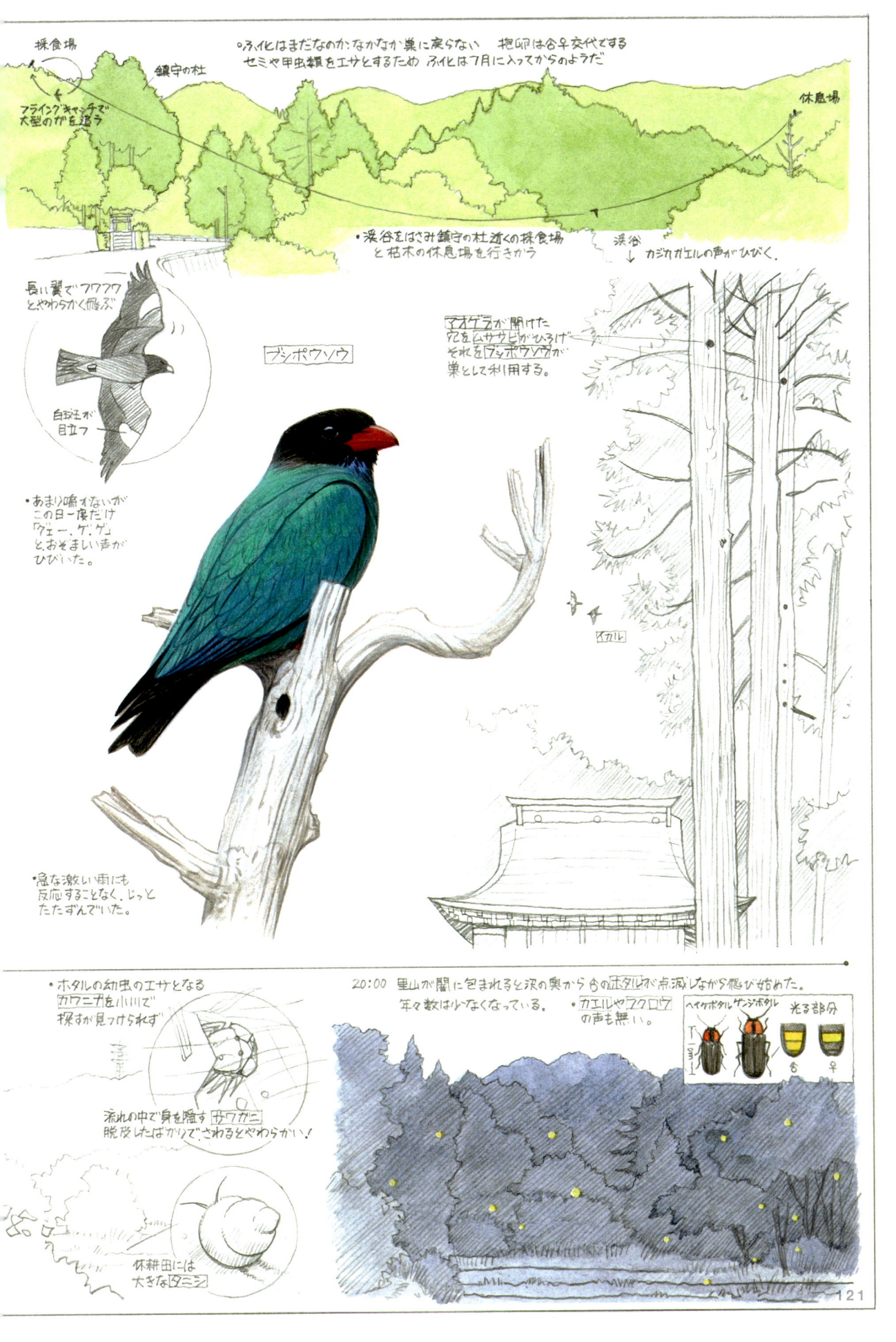

- 採食場
- 鎮守の杜
- フライングキャッチで大型のガを追う
- 孵化はまだなのか、なかなか巣に戻らない 抱卵は夫婦交代でする
- セミや甲虫類をエサとするため 孵化は7月に入ってからのようだ
- 休息場
- 渓谷をはさみ鎮守の杜近くの採食場と枯木の休息場を行き交う
- 渓谷 → カジカガエルの声がひびく

- 長い翼でフワフワとやわらかく飛ぶ
- 白斑がよく目立つ
- ブッポウソウ
- アオゲラが開けた穴をムササビがひろげ、それをブッポウソウが巣として利用する。
- イカル
- あまり鳴かないがこの日、一度だけ「ゲェー、ゲ、ゲ」とおそまつい声がひびいた。

- 急な激しい雨にも反応することなく、じっとたたずんでいた。

- ホタルの幼虫のエサとなるカワニナを小川で探すが見つけられず
- 20:00 里山が闇に包まれると沢の奥から○のホタルが点滅しながら飛び始めた。年々数は少なくなっている。
- カエルやフクロウの声も無い。
- ヘイケボタル ゲンジボタル 光る部分
- ♂ ♀
- 流れの中で身を隠すサワガニ 脱皮したばかりでさわるとやわらかい！
- 休耕田には大きなタニシ

121

Fieldnote フィールド・ノート

2006/7 No.31 水谷高英
http://www2.tba.t-com.ne.jp/taka/

- 7月27日 関東で初の繁殖をしたシロハラクイナを観に. (埼玉県.さいたま市)
本来,琉球諸島を生息域にしているが近年,九州,四国での繁殖や関東周辺での確認情報が増えている.

  ○ 繁殖エリアにある水の張られた休耕田
  この小さなスペースに2時間ほどの間にいろいろな鳥が姿を見せてくれた.(前日にはアカエリヒレアシシギも訪れたとか)
  土手が桟敷となり,水田の舞台で"舞う"シロハラクイナに60人近い観客が沸いた.

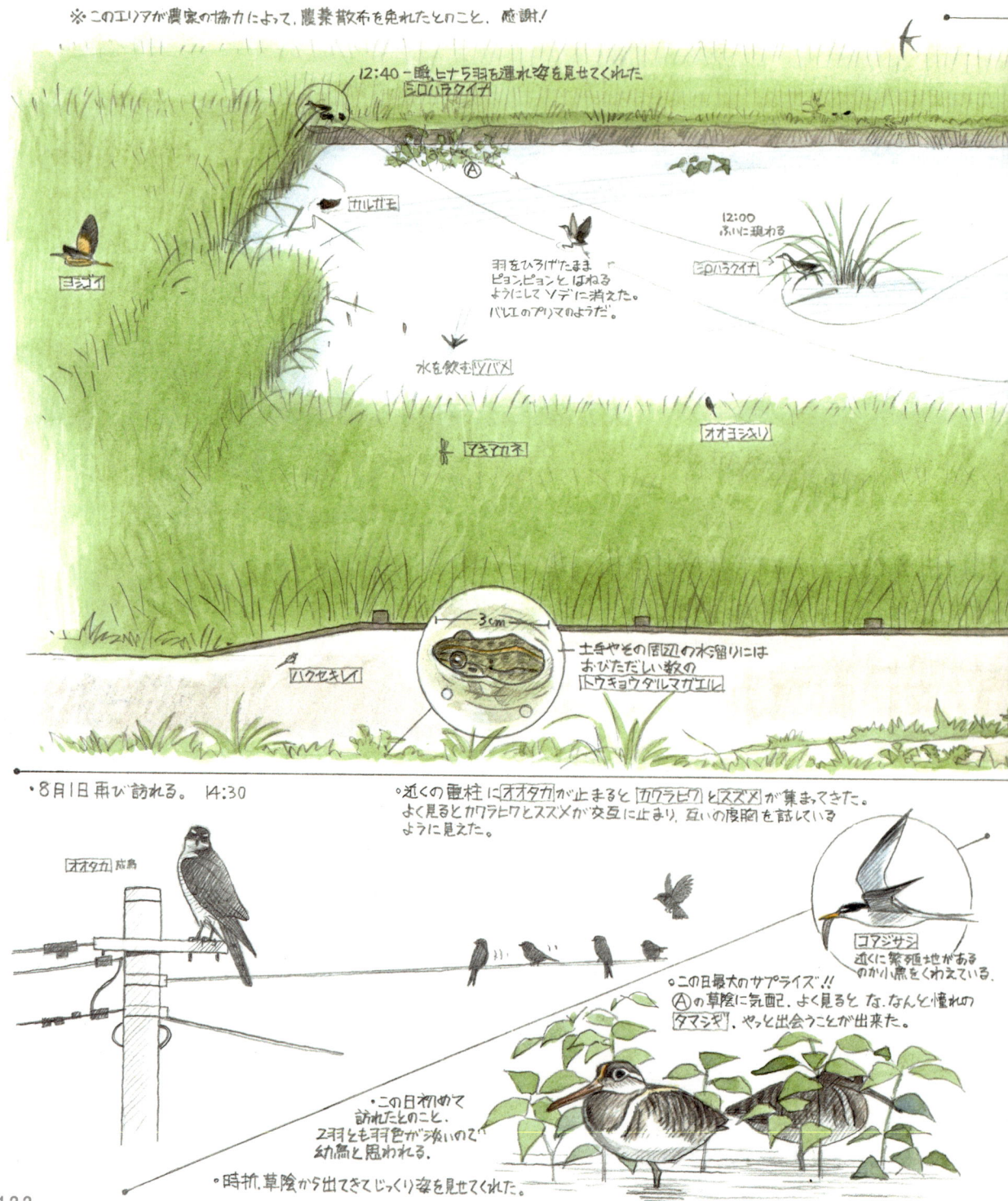

  ※このエリアが農家の協力によって,農薬散布を免れたとのこと.感謝!

  [ゴイサギ]

  12:40 一瞬,ヒナ5羽を連れ姿を見せてくれた [シロハラクイナ]

  [カルガモ]

  羽をひろげたまま ピョンピョンとはねるようにしてソデに消えた. バレエのプリマのようだ.

  12:00 ふいに現れる [シロハラクイナ]

  [ヨシゴイ]

  水を飲む [ツバメ]

  [アキアカネ] [オオヨシキリ]

  [ハクセキレイ] 3cm 土手やその周辺の水溜りにはおびただしい数の [トウキョウダルマガエル]

- 8月1日 再び訪れる. 14:30
  近くの電柱に [オオタカ] が止まると [カワラヒワ] と [スズメ] が集まってきた.
  よく見るとカワラヒワとスズメが交互に止まり,互いの度胸を試しているように見えた.

  [オオタカ] 成鳥

  [コアジサシ] 近くに繁殖地があるのか小魚をくわえている.

  ・この日最大のサプライズ!! Aの草陰に気配. よく見るとな,なんと憧れの [タマシギ].やっと出会うことが出来た.

  ・この日初めて訪れたとのこと. 2羽とも羽色が淡いので幼鳥と思われる.

  ・時折,草陰から出てきてじっくり姿を見せてくれた.

○ 荒川水系の農耕地 休耕田のアシの茂みが営巣地となっていた。
シロハラクイナを待つ間も、時折り吹く風で稲田を走る波紋が美しく、心地の良い鳥見となった。

ムクドリの群れ

営巣地

飛びながら幼鳥にエサを与える ツバメ

さかんに水浴びをする

羽を乾かす

トジョウを捕えた チュウサギ

シオカラ

チョウのようにひらひらと飛ぶ チョウトンボ

ホクラヒワ

シロハラクイナの親子
7/23に孵化したヒナ

○ 16:00を過ぎるとヒナの食事の時間なのか、親鳥がさかんにエサを採りアシの茂みに運び始めた。
土手で採餌するのだが動きが早く何をくわえているのか判別出来ない。

土手

5分ほどで戻ってくる

水溜り

赤、ミミズ、ザリガニ？

・土手にはカエルが多いがカエルをくわえているのは見なかった

○ スズメのネグラ入り
17:00のチャイムが田園地帯に響くころ、休耕田のアシに300羽以上のスズメが集まってきた。群れは今年生まれた若スズメ。

8月8日 シロハラクイナ ヒナ5羽の成長を確認。8月末に迫る稲刈りで状況がどうなるか気がかりな部分も残る。

Fieldnote フィールド.ノート

2006/8 NO.32

水谷高英
http://www2.tba.t-com.ne.jp/taka/
Field Note 2003〜

- 8月10日 レンカクを観に霞ヶ浦、西の洲干拓地へ（茨城県）
  2006/8月号で紹介した場所だが、レンカク現れる！の情報に再度訪れることとなった。

常磐自動車道 / 桜土浦I.C / 霞ヶ浦 / 125 / Ⓐ西の洲 / 浮島 / 潮来I.C / 茨城県 / 5km / 利根川 / 東関東自動車道 / 成田I.C / 安食Ⓑ / 印旛沼 / 千葉県 / 成田国際空港

ヨシゴイ ♀
チョウトンボ ♂

・一緒に泳ぐ オオバン 幼 と カイツブリ のヒナ

8月、行くところどころで見かけた チョウトンボ

○ 沼、周辺の干拓地には渡り途中の内陸シギやチドリの姿も。

・冬羽や幼羽のシギチは動いてくれないと肉眼ではなかなか見つける事が出来ない。この時もあたふたとしている間に次々に飛び去ってしまった。その中にはまだ見ぬ クサシギ もいたとか、残念！

褐色味が強い / タカブシギ 幼 / イソシギ

Ⓑ帰り道 サンカノゴイの繁殖地で知られる、千葉県、安食へ寄ってみた。4:00〜6:00
夕暮れが近づくと、ねぐらへ帰る おびただしい数の サギ、ムクドリ、スズメ たちで 周囲の鳥密度が一気に上昇、夕暮れ時の色彩の変化も加わり、ゆったりした時間が心地好い。

スズメの群れ / 印旛沼 / ゴイサギ / キィ.キィ.キィ / ヨシゴイのヒナ
さかんにヒナにエサを運ぶ ヨシゴイ

セサミストリートに出てきそうなキャラクター。この辺一帯にかなりの数のヒナが見られた。

・サンカノゴイ、タマシギには出会えず

Ⓐ この日35℃の猛暑。しかし沼に吹く風の心地好さに、少年時代フナ釣りをして過ごした水郷の故郷を想い出していた。　12:00

オオタカ 若
北沼
カワトンボ
オオバン
オオヨシキリ
タシギ
レンカク
コガモ
カイツブリ 親子

・西の州干拓地のハス沼

飛ぶ レンカク
意外に小さくバンくらいか、白く長いつばさ

・夏羽が美しい
レンカク

トウネン
コチドリ 幼

ムクドリの群れ

モズ
バーン
バーン

・8月に入ると各地の稲田で
LPガスを使った「スズメおどし」
の爆発音が響くようになった。
スズメ以外の鳥はほとんど
反応しない。

モズ 幼
ボサボサ

畔を歩き廻る
仔ダヌキ
全身が黒い

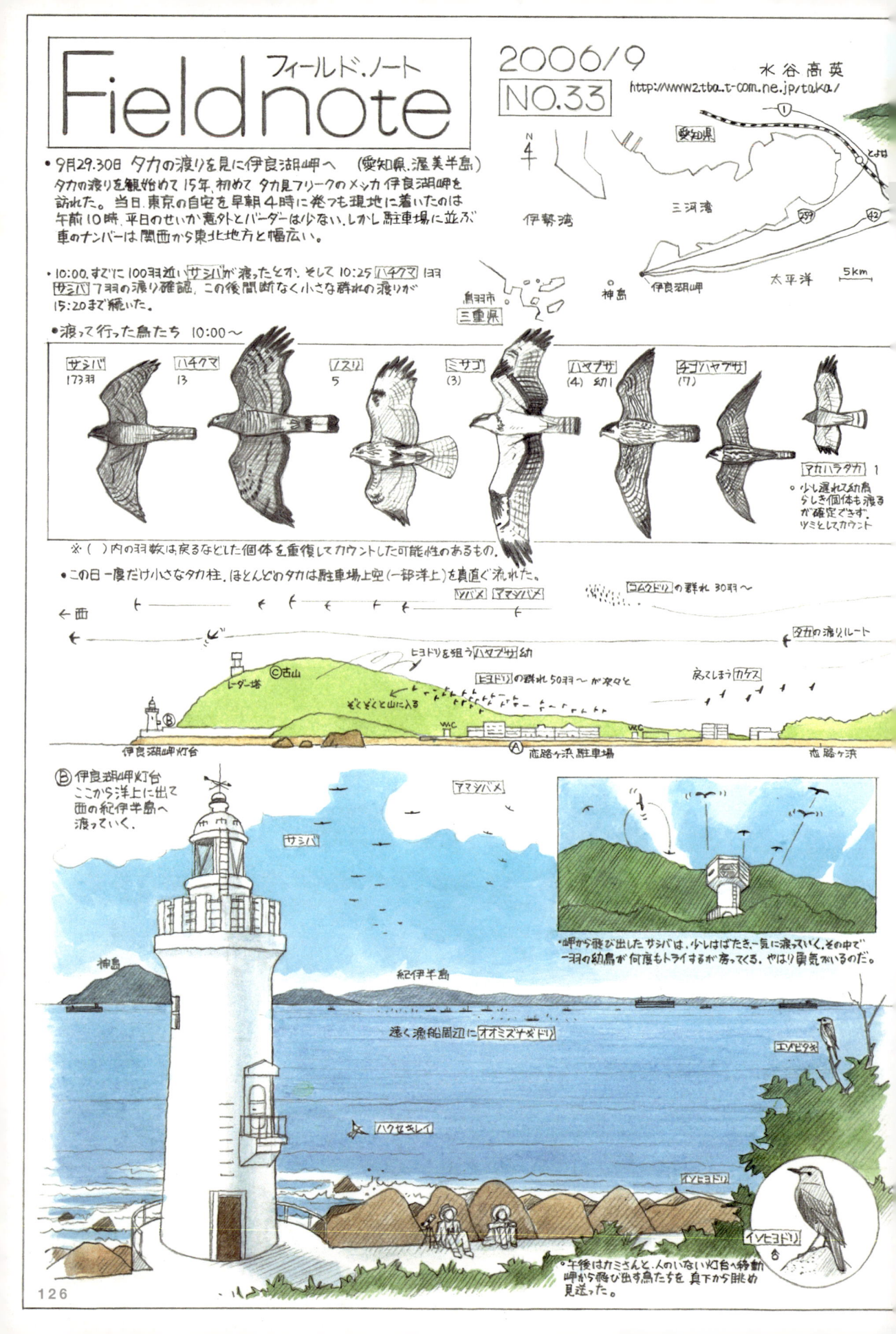

Fieldnote フィールド・ノート

2006/9 NO.33

水谷高英
http://www2.tba.t-com.ne.jp/taka/

- 9月29.30日 タカの渡りを見に伊良湖岬へ (愛知県.渥美半島)
タカの渡りを観始めて15年、初めてタカ見フリークのメッカ伊良湖岬を訪れた。当日、東京の自宅を早朝4時に発つも現地に着いたのは午前10時。平日のせいか意外とバーダーは少ない。しかし駐車場に並ぶ車のナンバーは関西から東北地方と幅広い。

- 10:00、すでに100羽近いサシバが渡ったとか。そして10:25 ハチクマ 1、サシバ 7羽の渡り確認。この後間断なく小さな群れの渡りが 15:20まで続いた。

- 渡って行った鳥たち 10:00～

サシバ 173羽 / ハチクマ 13 / ノスリ 5 / ミサゴ (3) / ハヤブサ (4) 幼1 / チゴハヤブサ (7) / アカハラダカ 1
  - 少し遅れて幼鳥らしき個体も渡るが確定できず。ツミとしてカウント

※( )内の羽数は、戻るなどした個体を重複してカウントした可能性のあるもの。

- この日一度だけ小さなタカ柱。ほとんどのタカは駐車場上空(一部洋上)を真直ぐ流れた。

ツバメ / アマツバメ / コムクドリの群れ 30羽～ / タカの渡りルート
←西
ヒヨドリを狙うハヤブサ幼 / ヒヨドリの群れ 50羽～が次々と / 戻ってしまうカケス
レーダー塔 / ぞくぞくと山に入る
伊良湖岬灯台 Ⓑ / Ⓐ 恋路ヶ浜駐車場 / 恋路ヶ浜

Ⓑ 伊良湖岬灯台 ここから洋上に出て西の紀伊半島へ渡っていく。

神島 / アマツバメ / サシバ / 紀伊半島 / 遠く漁船周辺にオオミズナギドリ / ハクセキレイ / エゾビタキ / イソヒヨドリ

岬から飛び出したサシバは、少しはばたき一気に渡っていく。その中で一羽の幼鳥が何度もトライするが戻ってくる。やはり勇気がいるのだ。

午後はカミさんと、人のいない灯台へ移動。岬から飛び出す鳥たちを真下から眺め見送った。

Ⓐ 恋路ヶ浜駐車場より、タカの現れるビューホテル方向を望む。
浜も美しく絶好のロケーション。

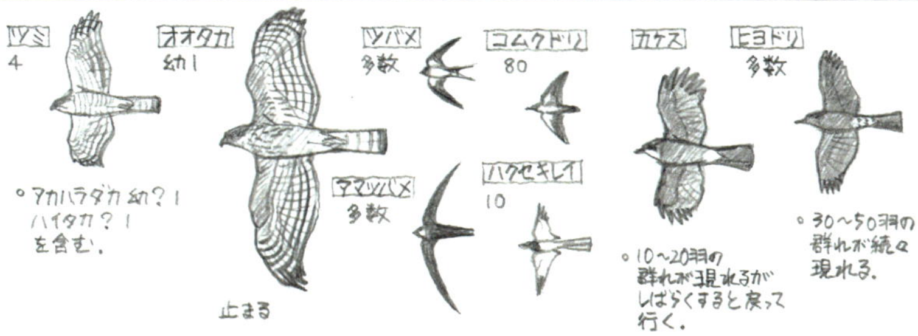

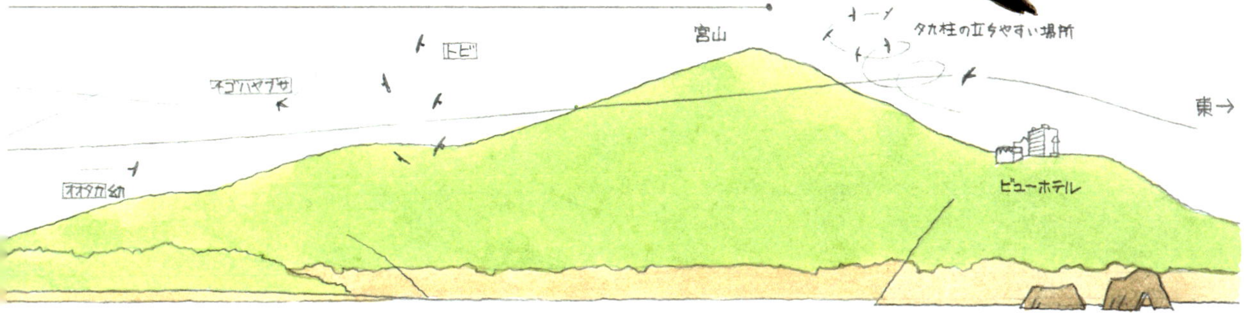

Ⓒ 古山では渡るのをためらうサシバ幼鳥、オオタカ、ハヤブサの幼鳥の未熟な狩りを見ることが出来た。

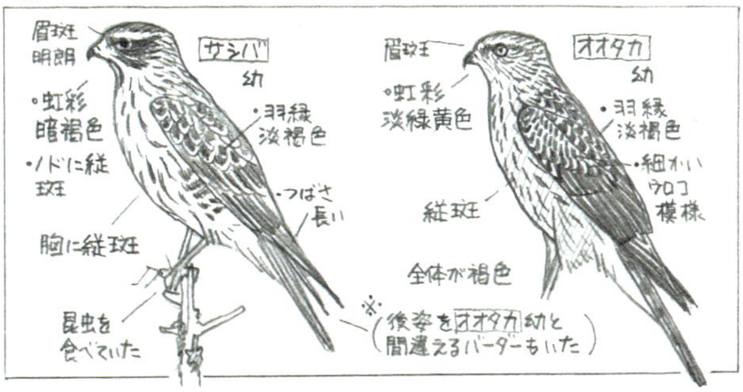

・フワフワ、のんびり飛ぶカケス
ハヤブサが現れると、一声鳴きサッと林の中へ身を隠した。

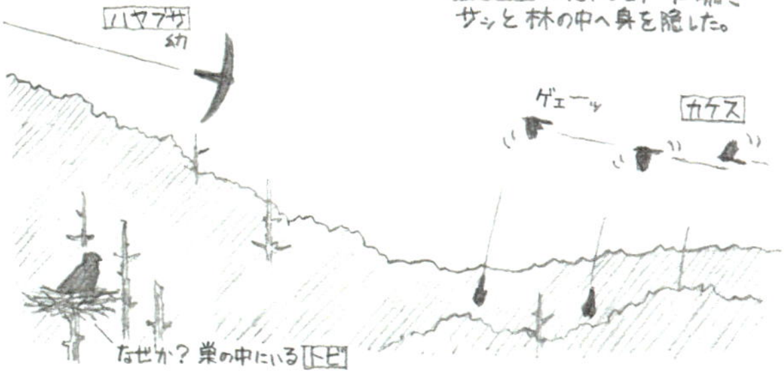

9/30 車中で一泊。しかしこの日夜明け前から雨。午前中に少し晴れてきたものの、タカは〜12:00までに18羽（サシバ4、ハチクマ5、チゴハヤ3、ツミ3、ミサゴ2、ノスリ1）
こんな日は、のんびりと散策へとスイッチ！ 東日本の海辺では見かけない植物や貝殻が。

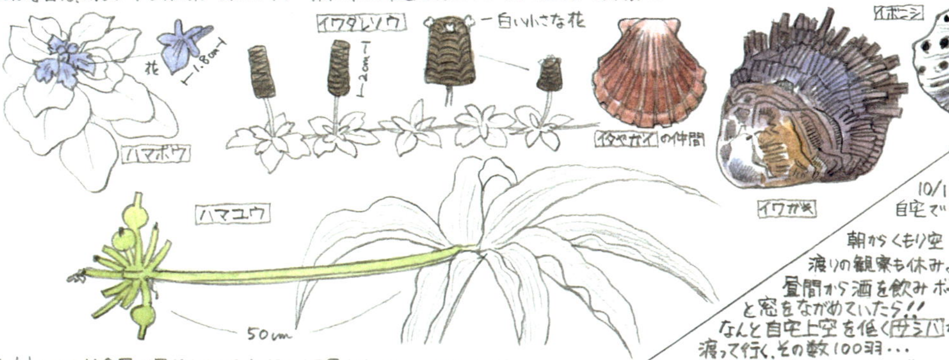

10/1 自宅で
朝からくもり空
渡りの観察も休み。
昼間から酒を飲みボーッと窓をながめていたら!!
なんと自宅上空を低くサシバが渡って行く。その数100羽…
この日が今年のピークの日だった。

・Field noteは今回が最後となります。'07.1月号より、リニューアルします。

2004年1月3日

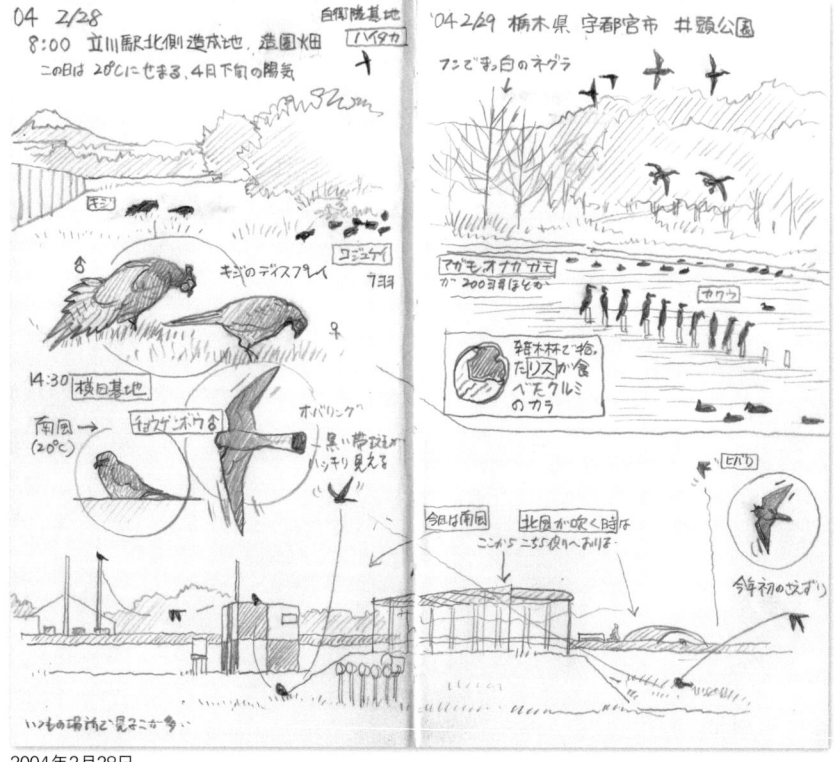

2004年2月28日

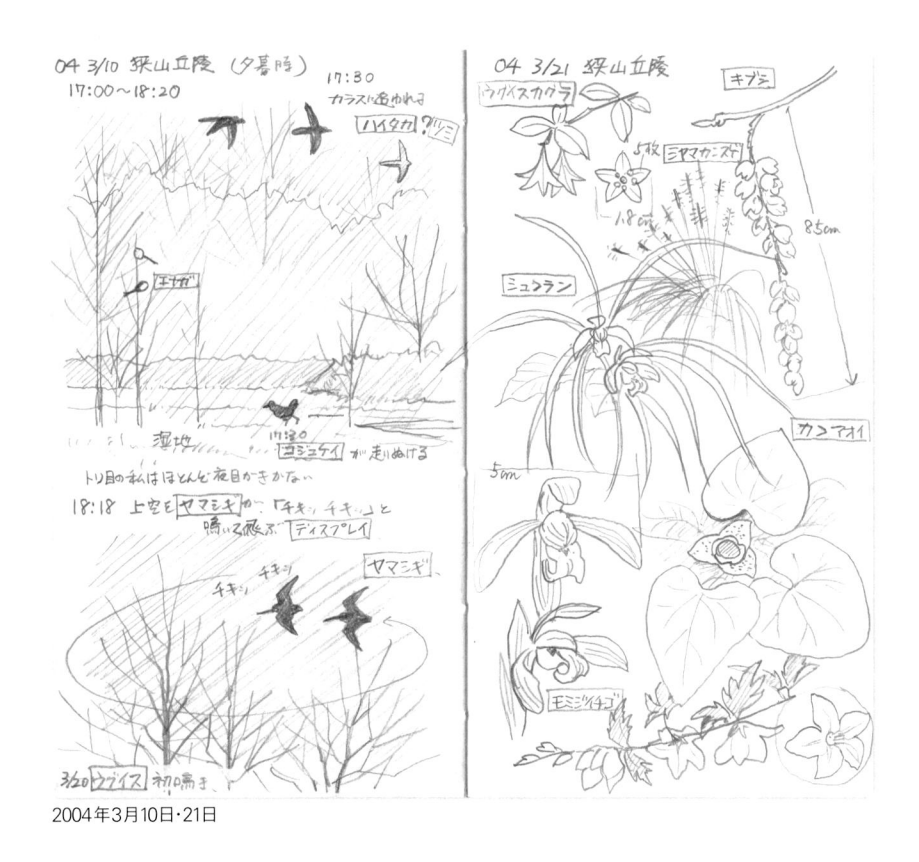

2004年3月10日・21日

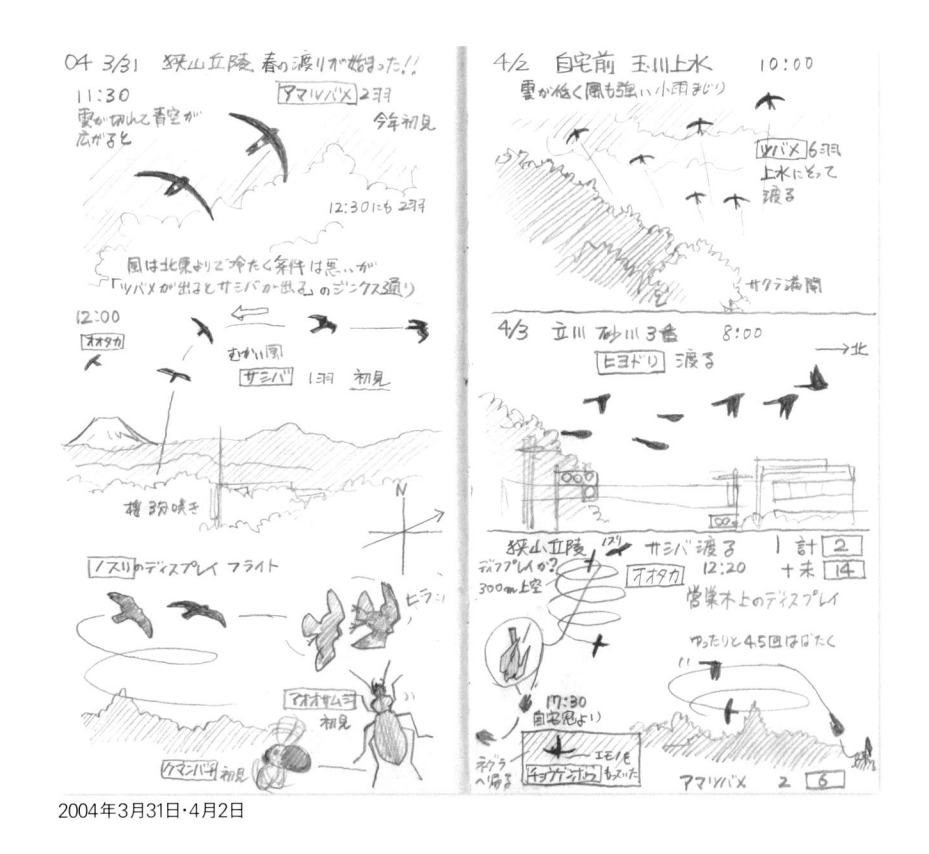

2004年3月31日・4月2日

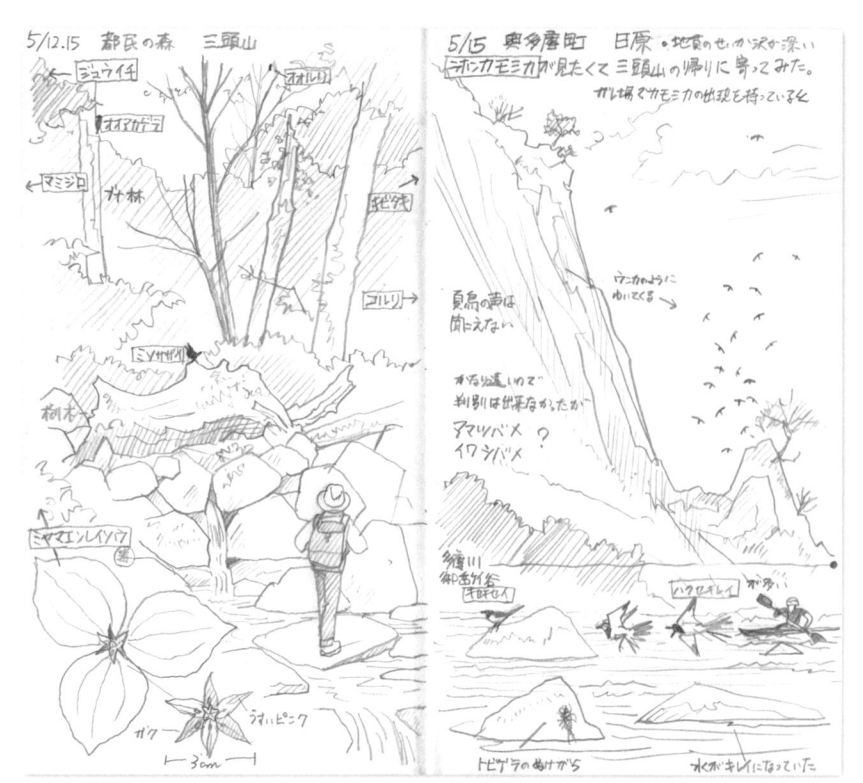

2004年5月12日・15日

2004年6月14日

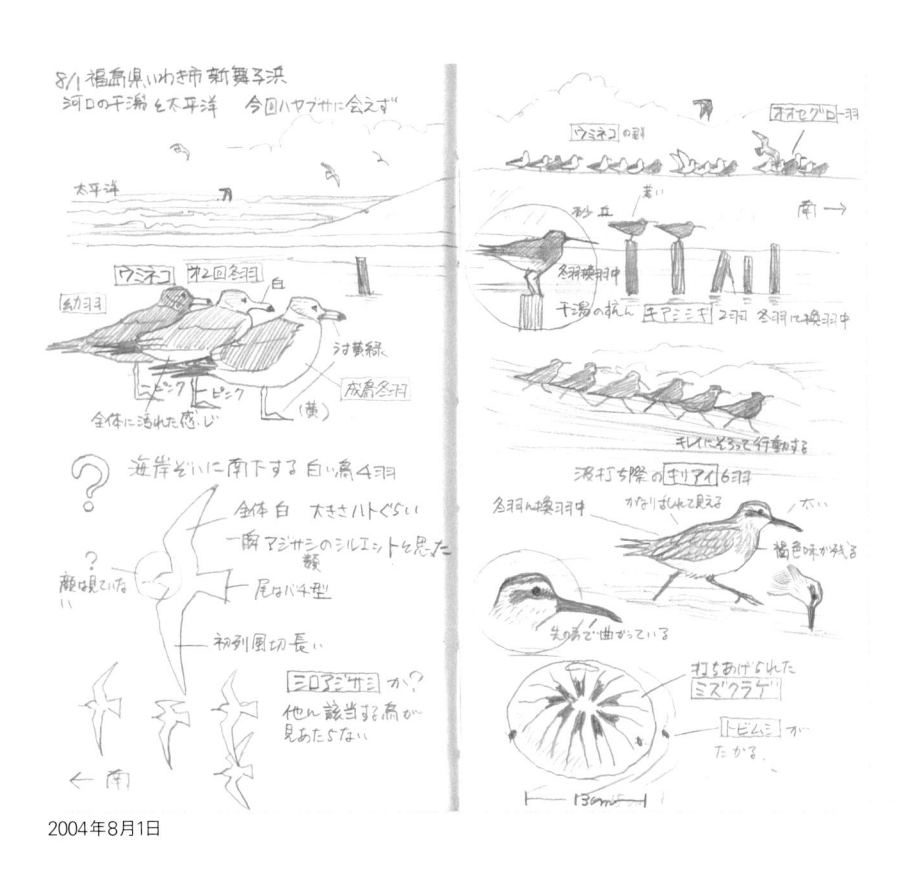

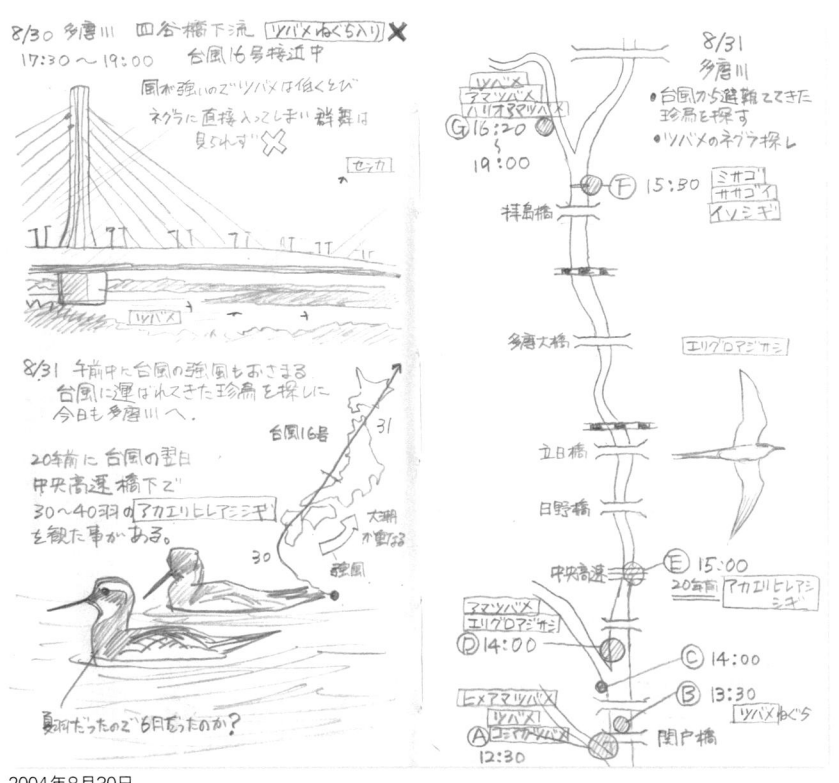

2004年8月1日

2004年8月30日

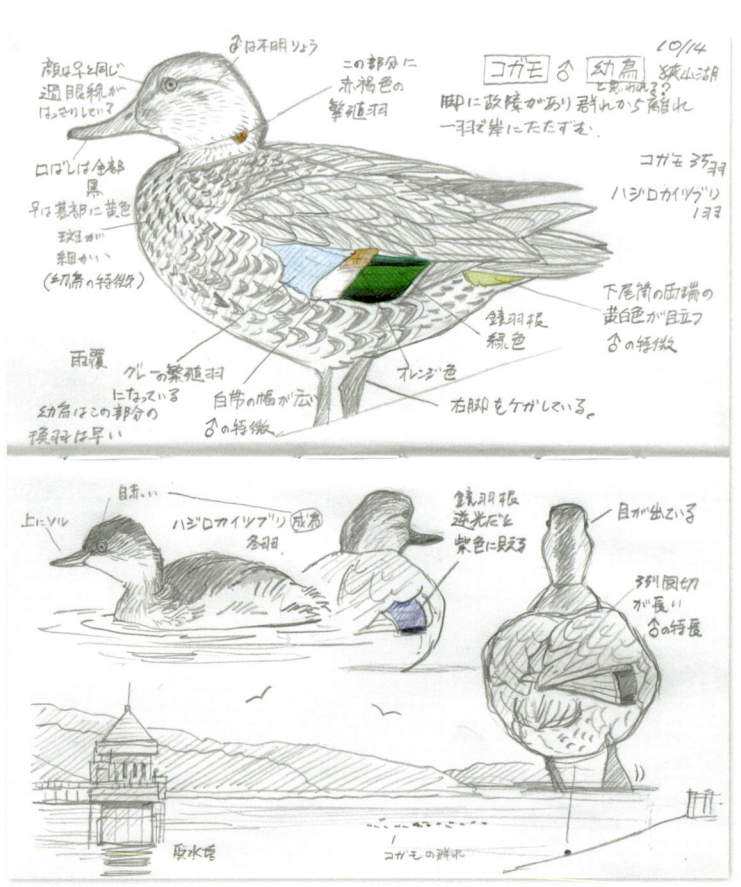

2004年10月1日

2004年10月14日

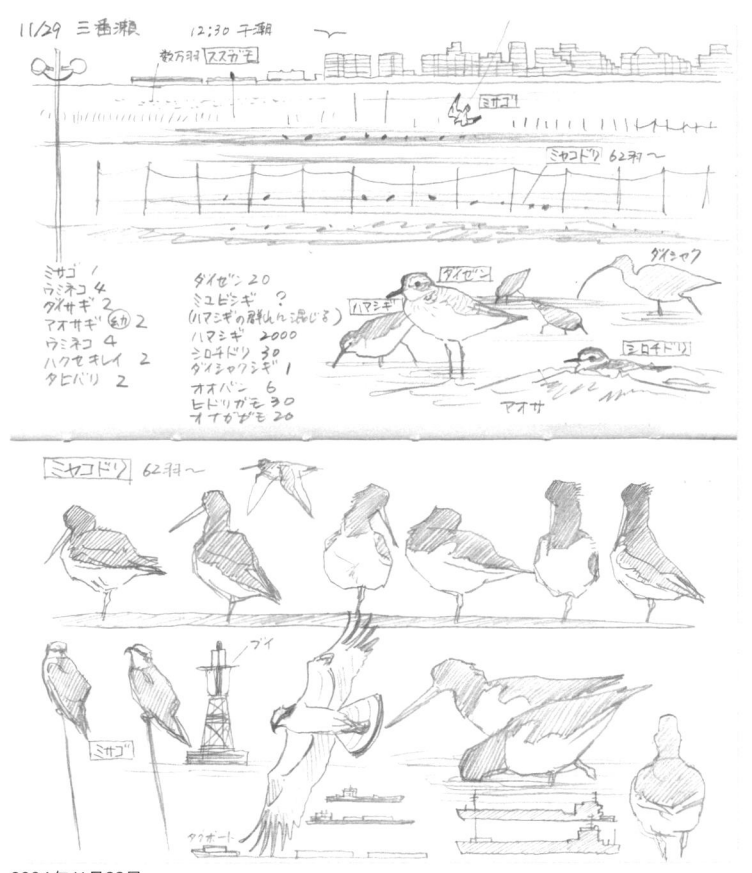

2004年11月29日

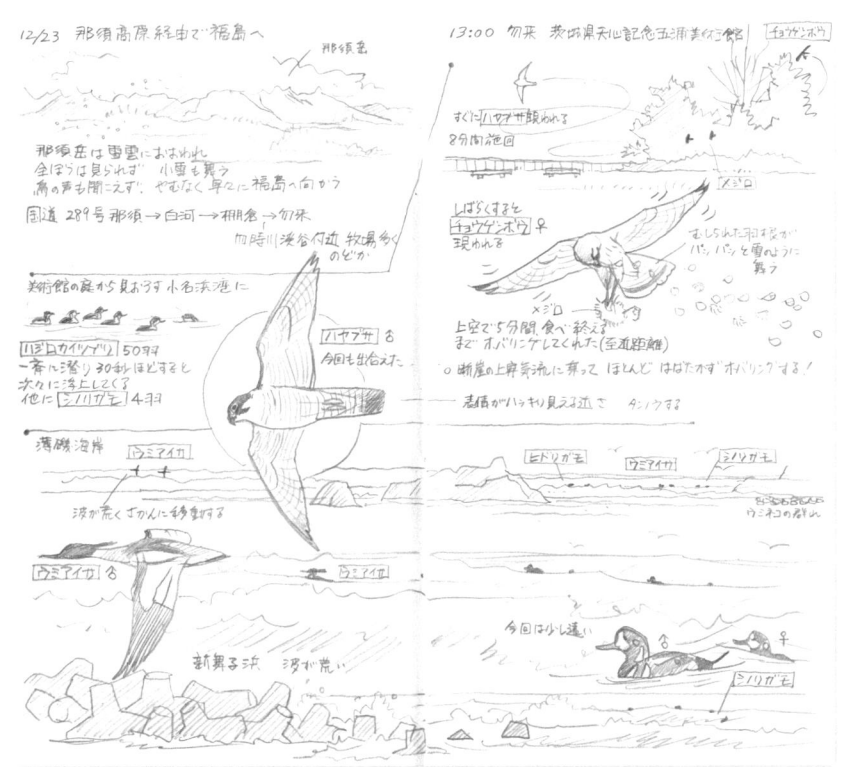

2004年12月23日

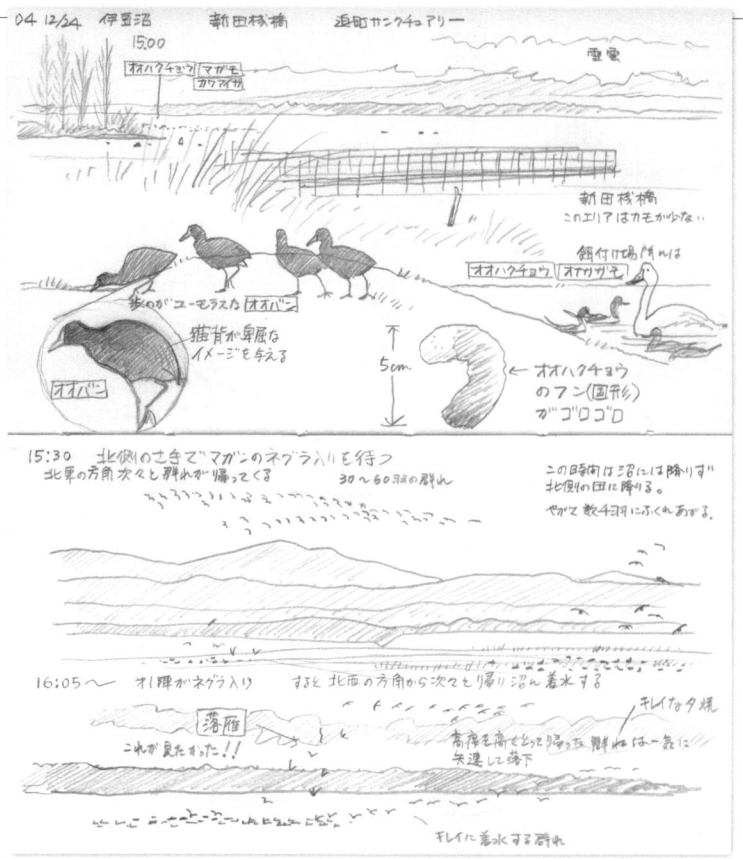

2004年12月24日

2005年2月11日

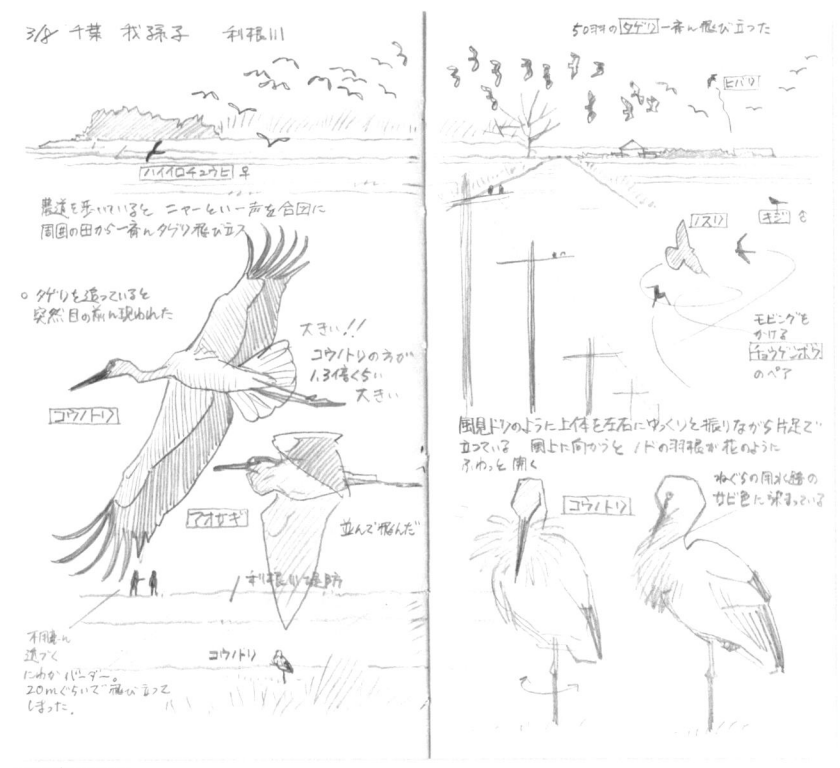

2005年3月8日

2005年4月24日

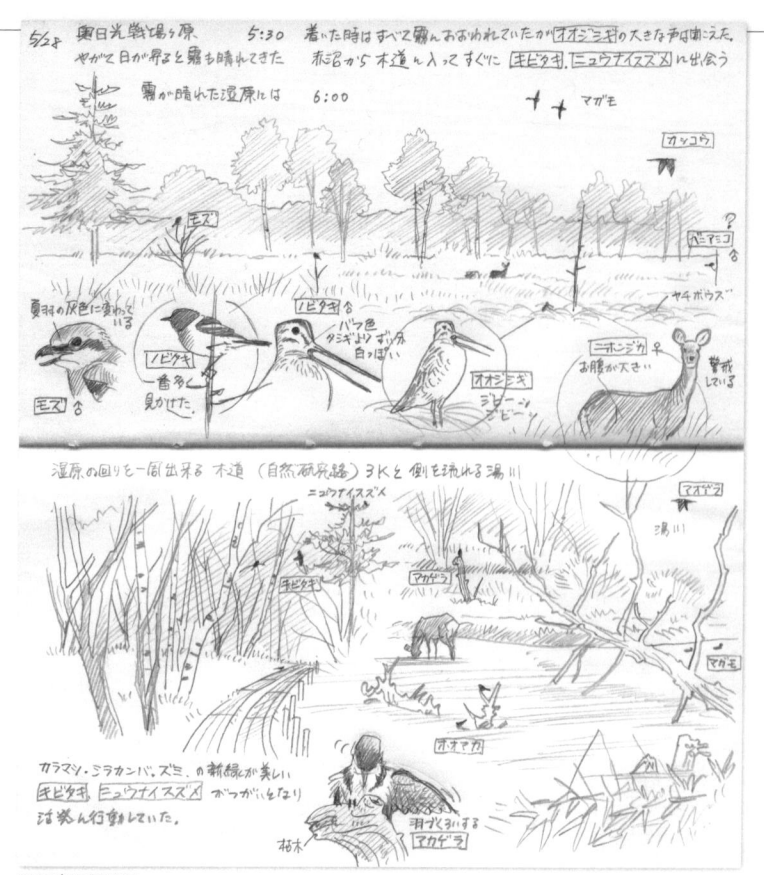

2005年5月28日

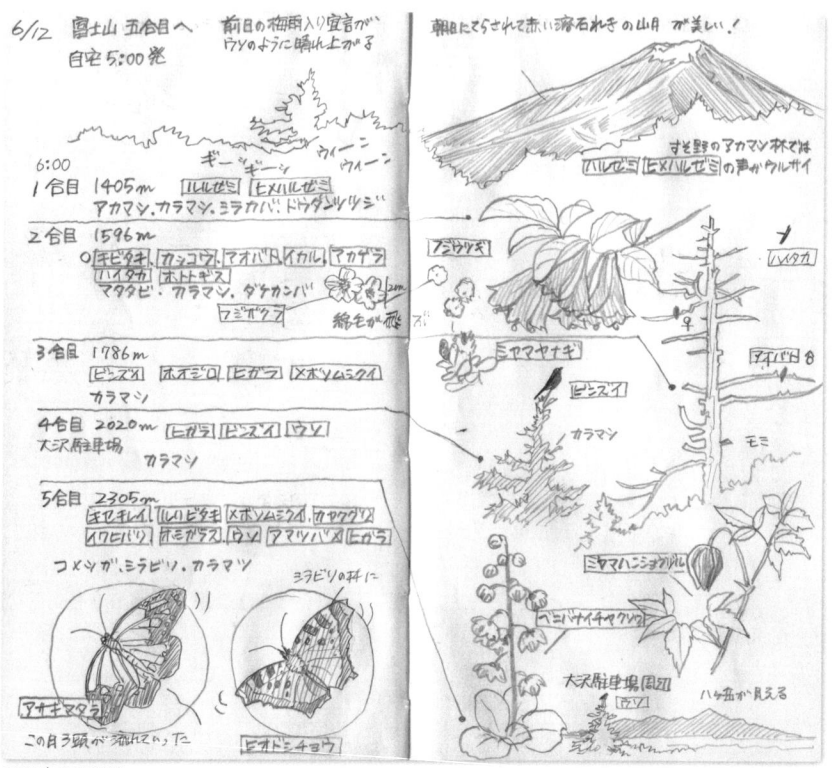

2005年6月12日

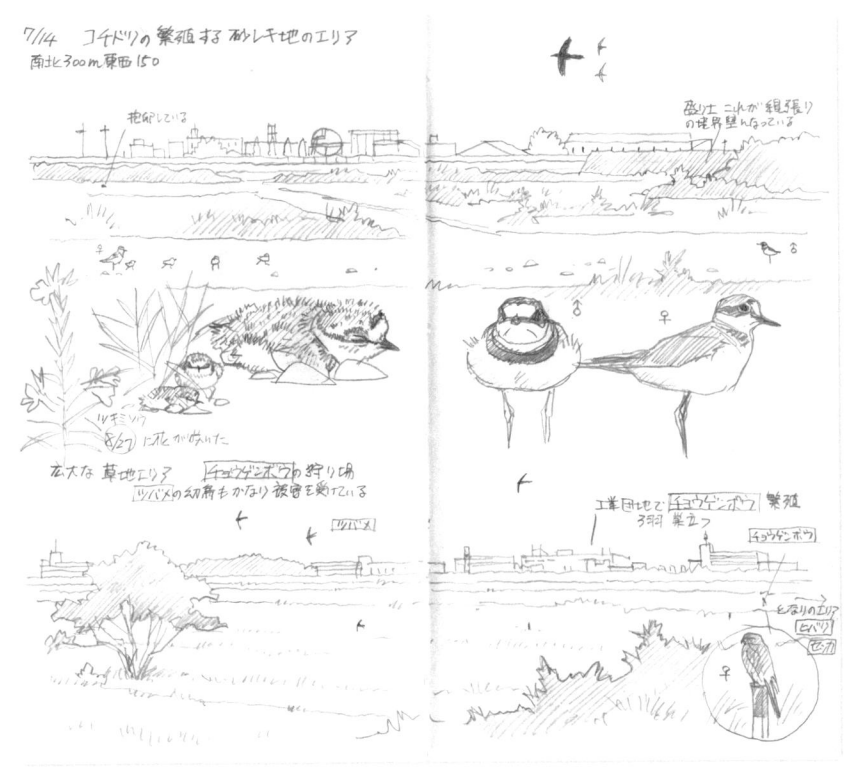

2005年7月14日

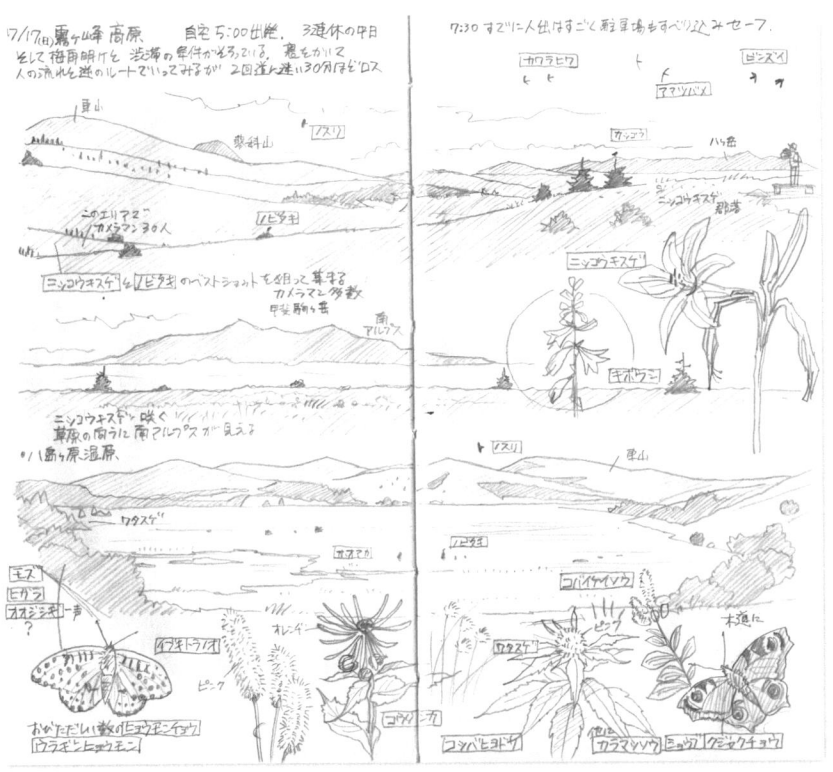

2005年7月17日

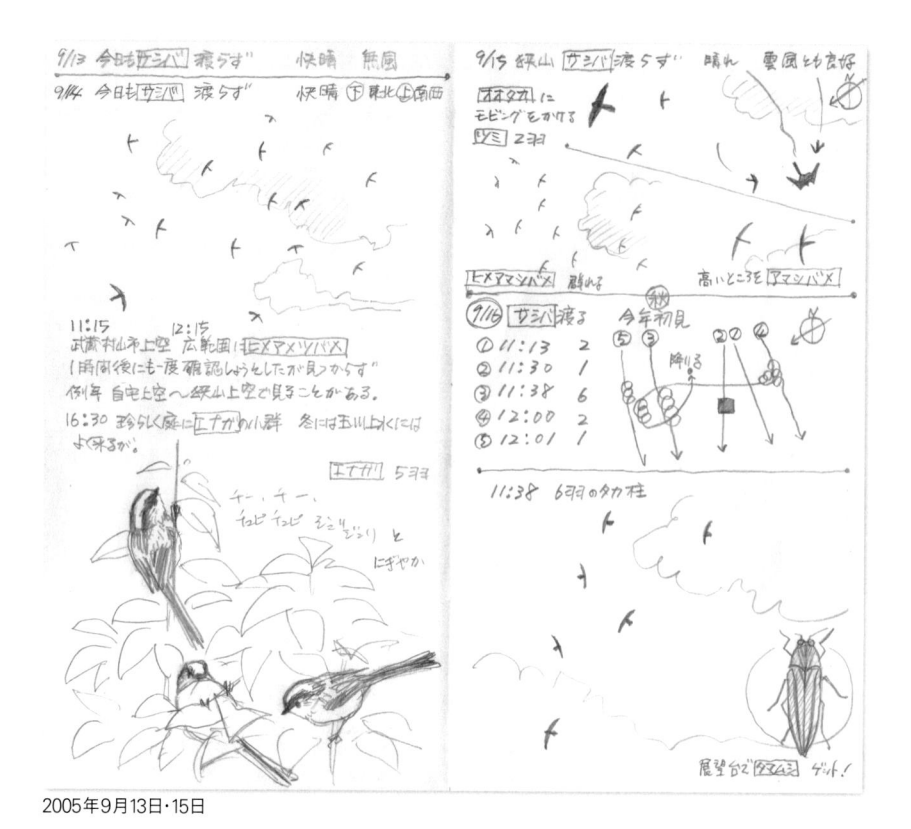

2005年9月13日・15日

2005年10月25日・28日

2005年11月18日

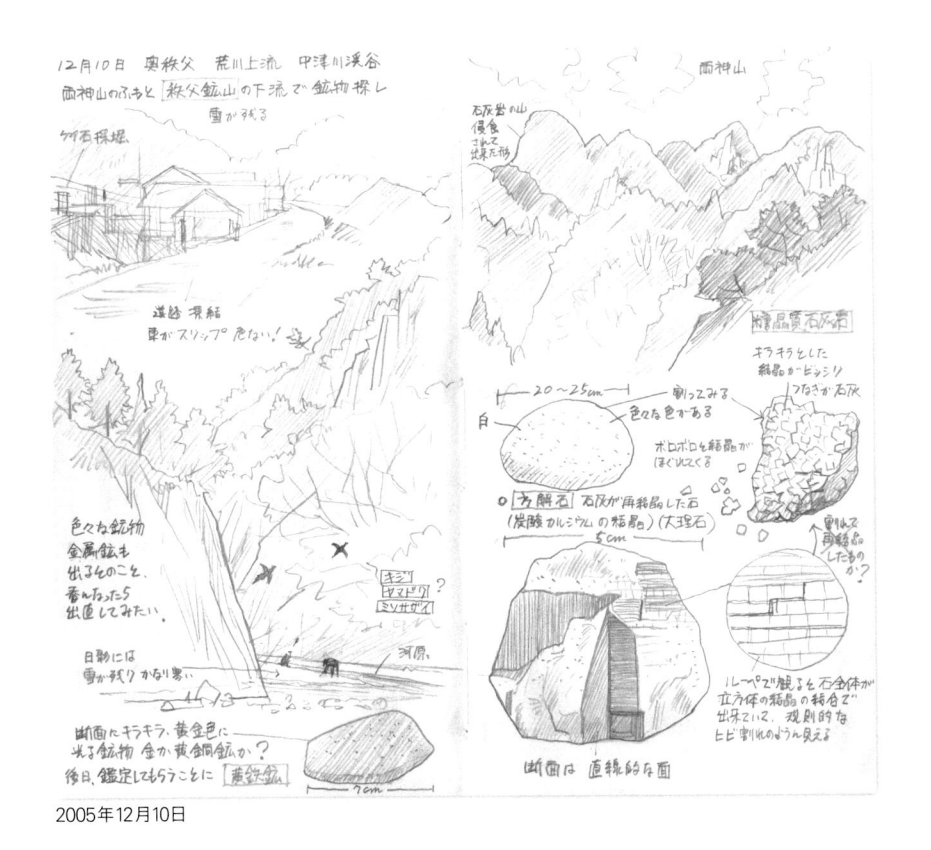

2005年12月10日

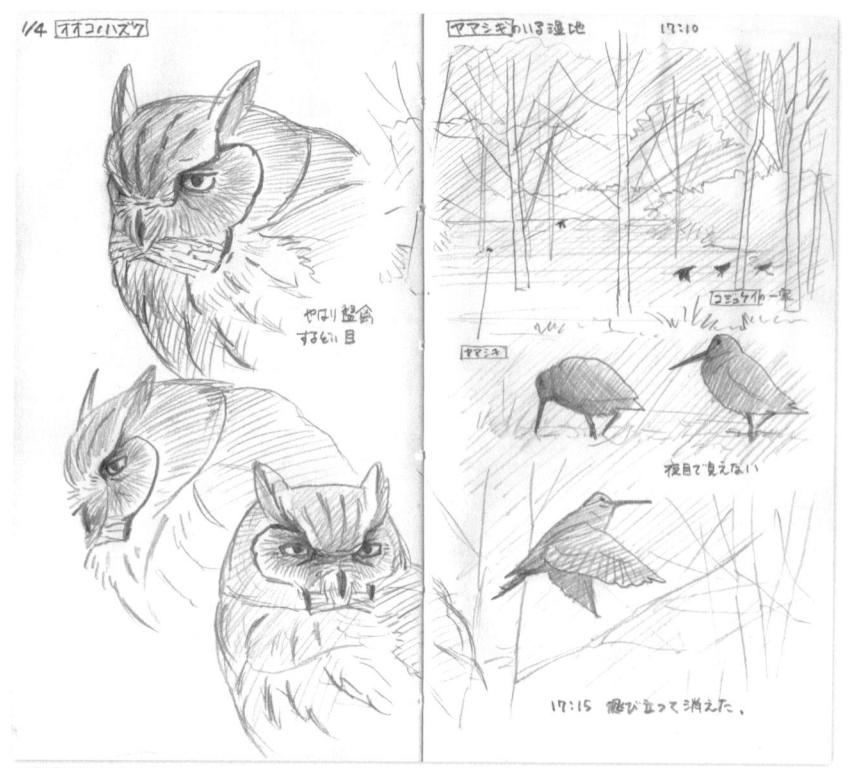

2006年1月4日

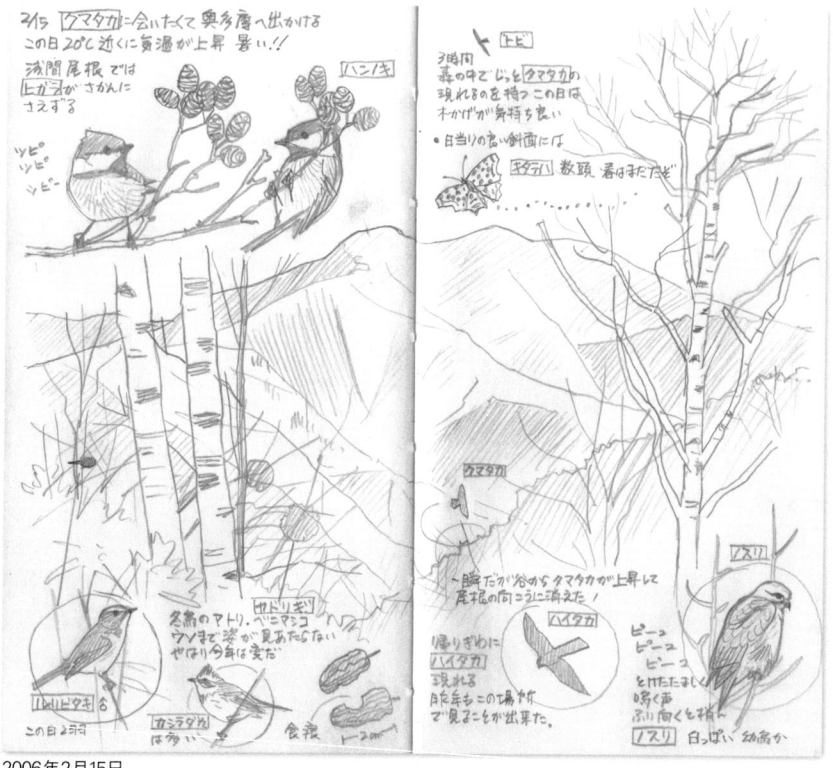

2006年2月15日

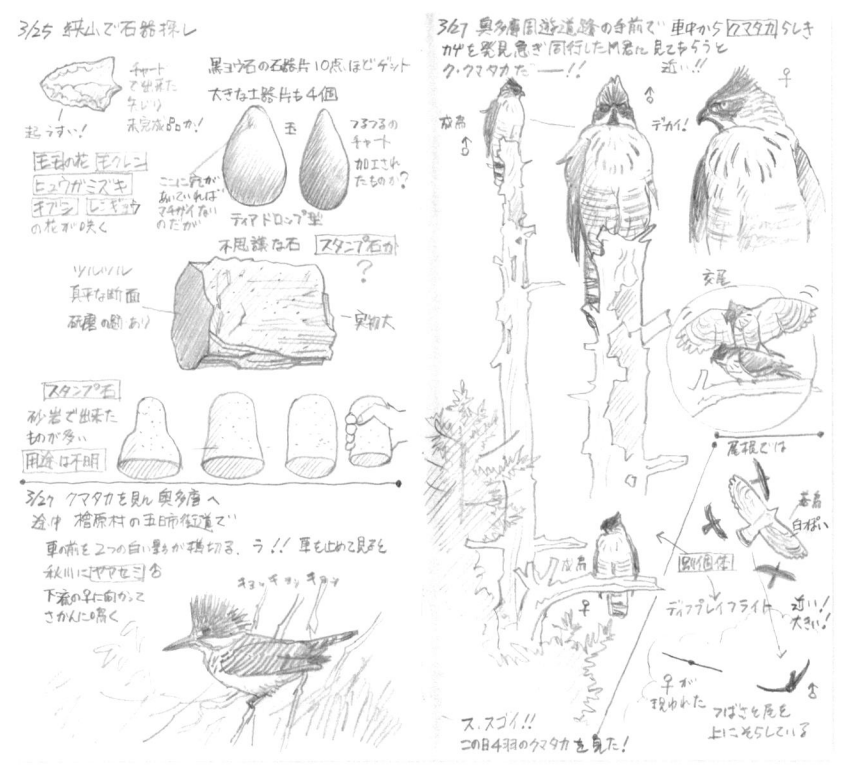

2006年3月25日・27日

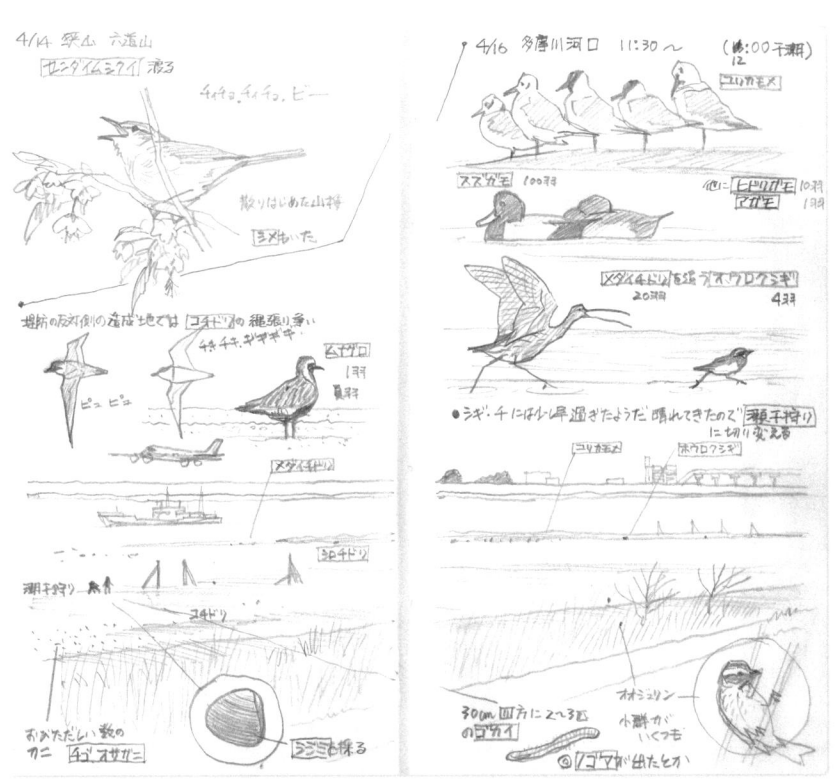

2006年4月14日・16日

2006年5月12日

2006年6月25日

2006年8月1日

2006年8月10日

あとがき

　50歳を過ぎ，落ちてきた記憶力を補うためにつけ始めたフィールドノート。家族に見せたところ「オモシロイ」との評価。以来，短気な私が長く記録をし続けることに。それが雑誌の連載につながり，今回，読者の方々の後押しによって一冊の本になることに，と幸運な広がりを見せてくれました。

　フィールドノートの連載開始時，奇しくもデジスコがバーダーの注目を集め始めたころでした。対極のように言われることもありますが，バードウォッチングの楽しみ方の選択肢が増えたことは，バーダーにとってよいことで，それぞれに合った方法で長くバードウォッチングを楽しまれることを願っています。

参考文献
叶内拓哉「絵解きで野鳥が識別できる本」（文一総合出版）
叶内拓哉「ポケット図鑑 日本の鳥300」（文一総合出版）
財団法人日本鳥類保護連盟「鳥630図鑑」（財団法人日本鳥類保護連盟）

BIRDER SPECIAL

野鳥フィールドノート
スケッチで楽しむバードウォッチング

2007年5月30日　第1版　第1刷発行
2011年6月14日　第1版　第2刷発行

著者●水谷高英
デザイン●ブリッツ（國末孝弘）
発行者●斉藤博
発行所●株式会社 文一総合出版
〒162-0812 東京都新宿区西五軒町2-5 川上ビル
Tel:03-3235-7341（営業）
　　 03-3235-7342（編集）
Fax:03-3269-1402
http://www.bun-ichi.co.jp/
http://www.birder.jp/

郵便振替●00120-5-42149
印刷●奥村印刷株式会社

©Takahide Mizutani 2007　ISBN978-4-8299-0126-7
Printed in Japan
乱丁・落丁本はお取り替えいたします。
本書の一部またはすべての無断転載を禁じます。

JCOPY　〈(社)出版者著作権管理機構 委託出版物〉

本書の無断複写は著作権法上での例外を除き禁じられています。
複写される場合は，そのつど事前に，(社)出版者著作権管理機構
　（電話03-3513-6969, FAX 03-3513-6979, e-mail: info@jcopy.or.jp）の許諾を得てください。
また，本書を代行業者等の第三者に依頼してスキャンやデジタル化することは，
たとえ個人や家庭内での利用であっても一切認められておりません。

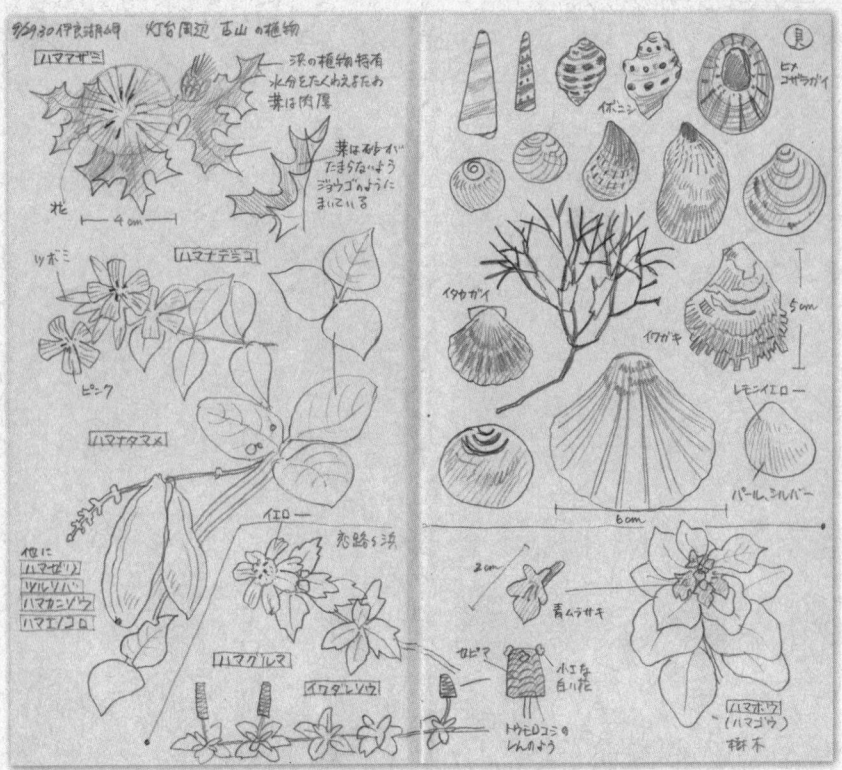

2006年9月29日・30日

各部の名称（カシラダカ）

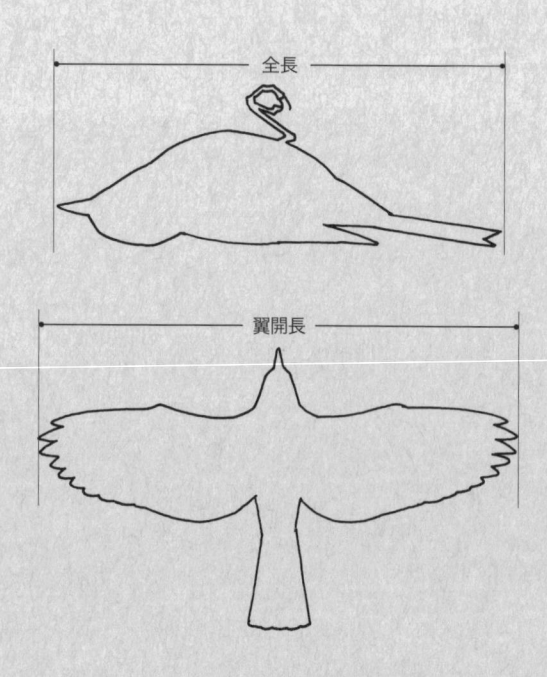

- 過眼線
- 眉斑
- 嘴
- 冠羽
- 後頭部
- 小雨覆
- 中雨覆
- 大雨覆
- 初列雨覆
- 喉
- 背
- 肩羽
- 胸
- 脚
- 三列風切
- 次列風切
- 初列風切
- 下尾筒
- 上尾筒
- 尾羽

全長

翼開長